都市型社会と防衛論争

市民・自治体と「有事」立法

松下　圭一

地方自治ジャーナルブックレットＮｏ．33

凡例　第Ⅰ、第Ⅱ論稿の〔　〕は、今回、新しく補った論点である。

I　市民・自治体と「有事」立法

対市民規律の欠如

一国の防衛システムほど、その国の地理条件、歴史背景、文化状況、さらに政治体質や憲法構造を反映するものはない。その時、その時の争点あるいは政策をめぐる対立・選択のレベルだけで防衛問題を位置づけるならば、防衛問題にひそむ深層を見失うことになる。

私は、日本経済の高度成長のころ、日本で都市問題ないし環境問題が激発する背景を考えこんでいた。異常なほどの成長の速さ、あるいは日本社会の超過密性を、その原因としてあげることができた。また、予見性をもつべき経済・社会・政治理論も、そのころはまだ、保守系・革新系ともに農村型社会を原型とする考え方に閉じ込められていたため、都市型社会への政策対応ができないという実状もあった。これにくわえて、日本の政府ないし官僚組織における対市民規律の欠如もあげなければならないと、と思いあぐねていた。

その折、たまたま京都の本屋であったが、司馬遼太郎の『歴史と視点』（一九七四年）をもとめた。そこには、つぎのような文章があった。敗戦直前、「東京を守る」ために北関東の戦車部隊にいた著者が、大本営の将校に質問したという。

「素人ながらどうしても解せないことがあった。戦車が（南下する）その道路が空っぽという前提で説明されているのだが、東京や横浜には大人口が住んでいるのである。敵が上陸《あが》ってくれば当然その人たちが動く。物凄い人数が、大八車に家財道具を積んで北関東や西関東の山に逃げるべく道路を北上してくるにちがいなかった」。この市民たちと南下する戦車とがぶつかるため交通整理はどうなっているのかを質問したところ、「しばらく私をにらみすえていたが、やがて昂然と、『轢っ殺してゆけ』といった。同じ国民をである」。戦争ものをよみこんでいるはずの私も、目をみはってここをよんだ。

角田房子『一死、大罪を謝す　陸軍大臣阿南惟幾』（一九八〇年）も、司馬のこの体験にふれながら、つづける。「軍人勅諭をはじめ軍人の任務を規定し、または教えたものの中に『国民を守る』という一項はなかっのか。『それを明記した箇所はありません』と林三郎（阿南陸相秘書、陸軍大佐）は答えた。あまりに当然のことなので、わざわざ書く必要もなかった。—と解釈することは出来ない。現実に即して問いただせば、『轢っ殺してゆけ』という以外の答えはなかったのだ」。

角田はさらに敗戦直前、参謀本部顧問でもあった沢田茂（陸軍中将）が語った言葉をとりあげている。「高知県知事は私に、戦場になると思われる地域の住民をどうすればよいのか、避難させたくても、出来ない実状だがとたずねた。私は答えられなかった。本土決戦を叫んでいる軍に住民対策はなかったのだ」。

日本の軍隊における対市民規律の欠如、それに天皇ついで国家の軍隊としての市民無視が、ここにうかびあがっている。〔しかも、明治以来、外への侵攻軍という体質をもっていたため、本土における市民保護については、政策・制度づくりのみならず、その問題意識すらもたなかったのである。のみならず、この日本軍の独尊性はまた侵攻地の市民無視となり、ここでも幾多の「轢っ殺し事件」をおこしたことは、ひろく知られている。〕

この日本軍の体質となった考え方が、ついには、市民をまきぞえにしたサイパン、沖縄などの悲劇もうみだしたのだ。旧満州でも、ソ連参戦時、関東軍は「作戦」というかたちでいちはやく後退し、日本の居留民を見捨てたのである。

この対市民規律の欠如は戦前の旧軍隊だけではない。戦前の官僚組織の体質でもあった。この体質は戦後にもひきつがれ、都市・環境問題を加速した。経済成長のため「轢っ殺してゆけ」だったのである。〈経済成長〉は官僚行政を正統化する戦後型の《国体》だったのである。けれども、もはや、市民たちは轢っ殺されはしなかった。市民活動は、〔シビル・ミニマム基準をふまえて〕拮抗力としてたちはだかり、この戦後型の《国体》観念をうちくだいていく。

この対市民規律の欠如という日本の政治・行政体質は、今日の防衛論議とくに有事立法問題にあらためてあらわれている。一九七八年八月の国会で、防衛庁官房長が有事立法の検討課題としてあげた八項目のなかに、たしかに市民保護がある。だが、有事立法の主題はこの対市民規律にはなく、かつての第二次大戦における国家総動員への退行をめざしていることは、誰もが知っている。

ジュネーブ条約追加第一議定書

現在、東京圏は二七〇〇万、大阪圏は一四〇〇万である。この巨大都市圏をかかえ、北海道から沖縄まで都市化を成熟させた日本では、第二次大戦中以上に市民保護はむずかしくなっている。有事立法が検討されるならば、その課題はこの市民保護にこそ焦点をもつべきではないか。

この有事における市民保護のための包括的な国際準則として、一九七七年のジュネーブ条約追加第一議定書つまり『国際的武力紛争の犠牲者の保護に関する追加議定書』を注目したい。これは国連と赤十字国際委員会でまとめられ、一九七八年に発効している。そこでは、自治体をふくむ「適当な当局」による「無防備地域」（五九条）、あるいは国間合意による「非武装地帯」（六〇条）の設定、それに日本型の軍事補助組織としての「民間防衛組織」とは異なる「市民保護団

攻撃禁止マーク　（国民文化会議・資料）

原発などを明示するマーク

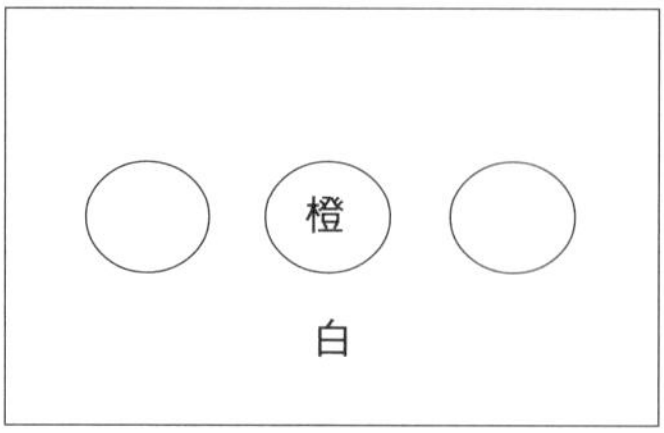

これは原子力発電所や貯水池、堤防など、「危険な力を内蔵する工作物及び施設」につけるマークです。遠くから見えるように平坦な平面または旗に表示し、夜間や視界不良の場合にもわかるように、点灯・照明を施したり、レーダー探知もできるようにします。

前記の第一議定書は、原則としてこれらの工作物・施設に対する攻撃を禁止しているので、その所在を明確にさせるためにマークをきめているのです。

無防備地域のマーク

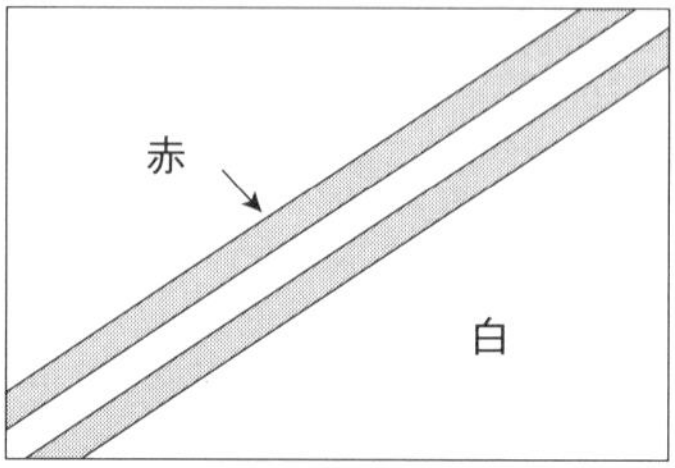

「無防備地域」は『ジュネーブ条約追加第一議定書』（1977年）で決められたもので、自治体の宣言で実現でき、しかも同地域への攻撃は戦争犯罪として禁止されています。

「無防備地域」の条件は、①戦闘員・移動兵器・移動軍用器材の撤去、②固定の軍用施設・営造物を敵対的に使用しない、③官憲・住民による敵対行為をしない、④軍事行動支援活動をしないの点です。

体」（六一条）がとりあげられている。もちろん、傷病者や捕虜の保護、文化財保護、ダムや原子力発電所の保全、人口過密地域での軍事施設設置の防止などの規定もある。

有事立法を検討するとすれば、この市民保護から出発すべきなのである。この国際準則は、今日では国際市民常識といってよい。この国際準則をふまえる

文化財保護のマーク

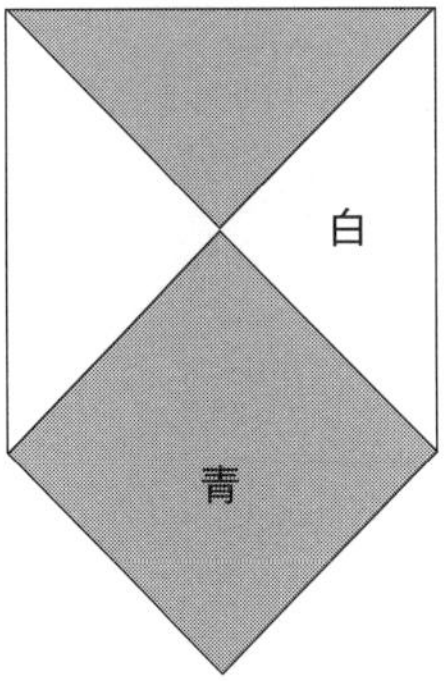

「武力紛争の際の文化財の保護のための条約」（1954年）で決められたもので、戦禍から文化財を守るために、「特別保護文化財国際登録簿」に登録された特別文化財には、このマーク三個を逆三角状にならべ、登録されていない一般文化財には、このマーク一個をつかって表示します。

攻撃禁止の対象となる文化財は、①建築上、芸術上、歴史上記念すべき物、考古学的遺跡（歴史的・芸術的に意義のある建物群）、美術品（芸術的・歴史的・考古学的に意義のある書跡、書籍その他の物件）など、②前記文化財を保存・展覧する博物館、図書館、記録保管所その他の建造物、③前記①②の文化財が多数ある文化財集中地区です

市民保護のマーク

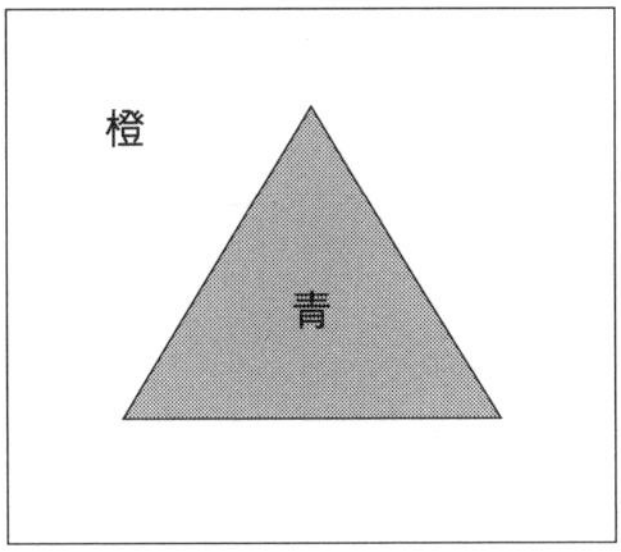

これは「市民保護」の業務を行なう施設や要員がつけるマークで、このマークをつけた施設や要員は攻撃を禁じられています。マークは遠方からも、どの方向からも見えるように、平坦な平面または旗に表示し、夜間や視界不良の場合にもわかるように、点灯・照明を施したりレーダー探知もできるようにします。

前記の第一議定書が決めている「市民保護」の業務は、第二次大戦のものと根本的に違い、軍の行動を補助したり、軽減させるような警備、陣地構築、重要施設防衛などの業務は含まれていません。もっぱら人道的業務に限られ、あくまでも一般住民の保護そのものが中心なので、攻撃から保護されるのです。

とき、従来の日本の防衛論争、それに平和論争は、転換をよぎなくされるであろう。

私がここで問題にしているのは、自衛隊の位置づけ、それに憲法九条の解釈の次元ではない。あるいは平和戦略の次元でもない。

この『国際的武力紛争の犠牲者の保護に関する追加議定書』は追加第一議定書といわれるが、追加第二議定書

としては内戦むけの『非国際武力紛争の犠牲者の保護に関する追加議定書』がある。追加とは一九四九年のジュネーブ四条約にたいする追加という意味である。条文は日本語のハンディな市販『国際条約集』にのっている。この第一議定書は、すでに一五九カ国が批准して発効しているが、日本政府の署名、批准つまり加入がないばかりか、いまだ日本の市民常識になっていない。林茂夫『非核都市宣言と無防備地域運動のねらい』（国民文化会議、一九八三年）、藤田久一『国際人道法』（有信堂、一九八〇年）など、これへのとりくみはいまだわずかである。私は、この国際市民常識である第一、第二の二つの追加議定書への加入、ついで日本におけるその常識化の重要性を訴えたい。

フィリピン戦線で辛酸をかさねた阿利莫二は「ルソン戦線の死の谷の終戦」でのべる。「日本軍にとっては、いかなる理由にせよ、捕虜はあってはならなかったのである。したがって捕虜になった時の教育は全く行われていない。しかし現実には多数の捕虜を出している。このため捕虜条約で定められていた軍機に関する黙否権を知らない日本軍捕虜は、部隊の行動、所在地、状況などを、米比軍自身が驚くほど唯々諾々として説明したという」（『法政』一九八三年一〇月号）。日本の戦前教育の欠陥がここに赤裸々にでている。その結果、当時の国際市民常識に反して、サイパン、沖縄などでは市民保護は無視され、またその後の「本土決戦」をめざしても同様であったことは、前述のとおりである。国際市民常識を拒んだ軍隊の捕虜否定は、また同時に市民保護の無視でもあった。現在、日本の国際化が叫ばれているが、それは日本の市民常識の国際化でなければならない。市民常識は、世界政策基準としての国際準則をふまえて、国際的に開かれるべきなのである。

市民の自衛権と自治体の対市民責任

ここで、安易に語られすぎている国の自衛権とは何か、を考えてみたい。これまで、〈国家〉の本来の属性として自衛権があるかのごとく、保守・革新双方が論じてきた。はたしてそうであろうか。

自衛権は、むしろ〈市民〉一人ひとりがもっている。この市民個人の自衛権が、国の基本法としての憲法にもとづいて国の政府に「信託」されてはじめて、国の自衛権が副次的に成立するにすぎない。もし、国の政府が、市民から信託された権限にとどまるその国の自衛権の行使について、憲法に違反したり政策をあやまるならば、国の政府への信託は解除され、自衛権は本来の主体たる市民個人が直接行使する。市民個人は、レジスタンス、あるいは国内・国外亡命をはじめる。

自衛権の主体がまず市民個人にあるからこそ、この『追加第一議定書』は、ゲリラを捕虜として保護することはもちろん、ひろく市民一般を保護する目的をもつ「無防備地域」を、国間合意ではなく「適当な当局」の宣言でおこなうことができるとしているのである。この「適当な当局」には、当然、自治体とくに市町村がふさわしい。自治体も自衛権の主体たる個々の市民からの信託をうけた地域政府として存在しているからである。

この論理がふまえられなければ、個々の市民の無責任なまきぞえという、サイパン、沖縄などの悲劇から学んだことにはならない。しかも、そのとき、国の政府は遠くにあり、戦火にさらされている地域の特殊状況は掌握しえない。その地域の市民保護をなしうるのは、当然、市町村、ついで県の自治体政府となる。

私は、国レベルだけを中心とした従来の防衛・平和論争をくみかえるテコとして、この個々の市民の自衛権、ついで政府としての自治体の対市民責任の重要性を強調したい。

日本の自治体は、空からのミサイル攻撃には無力だとしても、非核都市宣言にもとづく国際連帯はもちろん、いまだ日本は『追加第一議定書』に国として加入していないが、この「無防備地域」つまり市民の安全な避難地域の設定、あるいはその国際マーク（前掲8～9頁）の準備などにとりくみ、国際的ひろがりで「無防備地域」についての予備登録制度の確立をめざす必要があると思われる。この無防備地域を無数に日本の国内で準備していく過程で、日本の市民は、戦火に殺され、逃げまどい、あるいは平和を願うだけという状況から一歩つきでて、自治能力を蓄積しうるようになる。ここでも国際化と分権化はつらなっている。

以上は、平和をきづき、侵略を防止するという戦争抑止、ついで戦争の開始から終結までの手続をめぐる、国際法でいう「戦争法」とは別の、「戦時法」の論点である。『追加第一議定書』にみられる国際準則は、戦争法ではなく、この戦時法なのである。だから『追加第一議定書』をふくむこの戦時法は、今日では国際人道法と呼ばれる。

一九八一年、私は「都市型社会と防衛論争」(『中央公論』同年九月号)〔このブックレットの第Ⅱ論稿〕で、日本の防衛論争は、いまだ保守系・革新系ともに農村型社会を前提としているにすぎず、戦前、戦中の農村型社会とは異なって、今日、日本がとくにモロイ都市型社会に移行していることを提起し、戦争にならなくても、有事せまるというだけでパニックとなり、自衛隊もまきこまれて自壊するであろうとのべた。この極限の想定から出発するならば、政府が現在おこないつつある有事立法の検討作業は、戦後の日本国憲法の規定とあいまって、もはや、第二次大戦段階の対市民規律なき軍事法制のひきうつしではありえなくなるはずである。

そのうえ、政府のいう有事立法の柱のなかで、自衛隊がつかまえた捕虜の取り扱いを問題とするならば、同時に自衛隊での投降権、さらに抗命権こそが課題とされるべきである。旧軍隊の玉砕の発想、さらにＢＣ級戦犯の位置をここで想起しよう。

〔この投降権、抗命権は戦時国際法ないし国際人道法の中枢論点で、その無視ないし否定が昭和の日本軍の体質をなし、ＢＣ級戦犯問題となったことは周知である。この投降権、抗命権は、戦後の日本をふくめ各国の文学、映画などの主題となり、テレビをふくめてひろく流され、すでに日本の市民常識となりつつある。〕

有事立法をめぐっては、とくにこの『追加第一・第二議定書』との関連で、有事立法の立案作業の前提を問いただしていくことが不可欠なのではないか。

もちろん、条約は全能ではない。しかし日本の市民の政治成熟は、当然、日本の市民における国際市民常識の成熟でもある。国際市民常識なき経済大国意識、それに旧来の絶対・無謬という官僚統治中軸の国家観念崇拝こそが、都市型社会の現実のなかであらためて問題とされるべきではないか。

II　都市型社会と防衛論争

現在、日本の防衛論争は、保守・革新という政党対立の軸では割り切れず、それぞれの内部での分化もめだってきた。問題領域がひろがってきたからである。

だが、保守系・革新系のいずれにおいても、決定的ともいうべき盲点をもっている。この盲点とは、日本における都市型社会の過熟の無視、さらには都市型社会についての理論フレームの欠如である。

かねがねのべているのだが、既成の防衛論議は自衛隊強化論から自衛隊無用論まで、あるいはいわゆる現実主義者から平和主義者までふくめて、核問題に焦点をあてながらも、いまだ日露戦争をモデルにした戦争イメージをもつにすぎないのではないかと疑いたくなるほど、都市型社会の成熟を無視した議論にとどまっている。

このような防衛論議の実状はどこからくるのであろうか。たしかに、第二次大戦でも、日本の旧軍は日露戦争の感覚だったため、当時のソ連がもつたかい戦車生産技術を反映するノモンハン事件での敗北から学びきれず、また巨大な生産力をもつアメリカにたいしても陸海軍ともに最後まで日露戦争の感覚で戦っていた。国民の戦争イメージも、国内の多くの都市が空襲で灰燼に帰したため、かえって「本土決戦」という農村型社会での戦争イメージにもどってしまった。これでは、今日の防衛論議が都市型社会の成熟を無視した、さらには戦争技術のハイテク革新を見失う議論にとどまるのも、やむをえないといえるかもしれない。

「将軍は前の戦争をモデルに戦う」といわれるが、日本の今日の防衛論議の実態は、以上の意味で、戦争イメージとしては、前どころか、前の前の日露戦争をモデルにしているといっても過言ではない。

たとえば、「日本の優秀な工業力を侵攻国はねらう」というような防衛強化の立論が、今日もみられる。これにたいする批判論も憲法原理にもとづく異議申立にとどまるとするならば、この批判論も都市型社会における戦争イメージを構築していないことになる。

そこには、いずれの側においても、戦争にいたらない以前に、「有事迫る」という緊迫状況が始まるだけで、東京、大阪などの巨大都市圏にパニックがおこり、日本の工業力自体が破綻しはじめるという事態は想定されていないのである。そのとき、国土に、一〇〇〇万人単位、つまり数千万人の都市難民ないし失業者があふれはじめる。ことに首都の東京がパニックになれば、国の政府、それに自衛隊も崩壊するとみた方がよい。以上は想定しうる最悪の極限状況であるとしても、現実性をもっている。

他方、侵攻軍にしても、このような状況への侵攻は、工業力を利用しうるというプラス要因がないばかりか、かえってコストが高くなり、無意義になってしまう。それどころか侵攻軍は一億二〇〇〇万人の、しかも外国籍者が一〇〇人に一人になっている日本の人口をくわせるという責任をおうのである。

これが都市型社会の過熟した日本の現実である。それにもし、自衛隊ならびに在日アメリカ軍の軍事拠点を撃破したいならば、戦域核をふくむミサイルの行使だけで充分である。上陸の必要はない。

この意味で、日本の工業が高度化すればするほど、東京圏が巨大化すればするほど、都市型社会の問題点が尖鋭となる。都市型社会の過熟した日本は、戦争にたえられないモロイ構造になってきたのである。

日本は、「経済大国」になったのだから、今度はそれにふさわしい「軍事大国」に、という自衛隊強化論は幻想にすぎない。日本は、経済大国になればなるほど、アメリカやソ連などの大陸国家と異なって、軍事的にモロイ構造になっていく。日本の自衛隊強化論は、アメリカの軍事戦略を下請しているばかりでなく、その戦争イメージが農村型社会のそれに固着しているため、このジレンマに気付いていない。

ここであらためて確認したいのは、護憲派、これには革新系だけでなく保守系もふくまれるのだが、この護憲派が安易な自衛隊強化論を戦後たえず抑えこんだからこそ、日本は「経済大国」

たりえたという歴史的事実である。このことは、占領の既成事実化によって日本の基地をタダトリしているアメリカから、日本はタダノリという批判をうけようとも、すでに誰もが否定しえない共通のひろい認識となっている。また、改憲をおこなって〈日本軍〉をつくっていたならば、経済成長どころか、アメリカの要求によって〈日本軍〉の朝鮮派兵、ヴェトナム派兵も不可避だったであろう。この意味で、今日の自衛隊強化論者は、都市型社会のジレンマに気がつかないのみか、護憲派の成果の上に居すわっているといわざるをえない。

もちろん、防衛論争は必要である。それには、国際政治の特定の考え方からの短絡ではなく、当然、国内政治の配置状況、それに軍事技術、戦争経済にいたる複合思考が不可欠である。だが論争の前提にある戦争イメージそのものが農村型社会での戦争をモデルにしているのであれば、この防衛論争は今日的実効性をもたない。それどころか、人々を謬らせてしまう。

私が、ここで提起したいのは、「今日」の戦争の社会的前提である都市型社会についての理論フレームである。この次元の問題提起は、国際的にみても欠落しているのだが、都市型社会の過熟をみている日本でこそ、その理論化が可能なのである。この視角は、日本の社会理論の国際的寄与となるといってよい。事実、数千年の農村型社会の歴史をへて、工業化・民主化にともなう都市型社会の成立は、戦争史・軍事史における画期的事態の成立を意味する。都市型社会という社会的前提についての理論構築は、「今日」の防衛政策ないし平和政策の基礎前提をなす。これは、いわば新しい戦争社会学ないし軍事社会学の構築といってよいであろう。

くりかえすが、本稿は、直接、「恐怖の均衡」というかたちで軍事力をもてあそんでいる大国にたいする、つまり対米政策、対ソ政策というような現時点での日本の具体的な防衛政策の展開を意図してはいない。今日の防衛論争のあり方を都市型社会との関連で問いなおし、日本をふくめてひろく、防衛政策ないし平和政策の発想の転換をうながすのが、本稿の課題なのである。

一　都市型社会の成熟

「今日」の戦争の社会的前提については、日本だけでなく、国際的にも、これまでほとんど関心をもたれていない。けれども、この社会的前提の考察は、工業化をめぐる先発国と後発国との間の社会形態の相異が、都市型社会　対　農村型社会というかたちで、いちじるしくひろがった現在、政策構想の基礎理論というべき重要性をもつ。

たしかに、この成熟した都市型社会における戦争の現実ないし論理は未知である。第一次大戦はもちろん、第二次大戦ですらも、ヨーロッパ、アメリカ、またロシアあるいは日本も、農村型社会の性格を多分にのこしており、「今日」のような都市型社会の成熟をみていなかった。だからこそ、従来の農村型社会をモデルとする戦争イメージを組みかえて、都市型社会での戦争イメージのモデル構築が急務となったといわなければならない。

核兵器が行使されるならば、それが局地使用ではじまるにせよ、核全面戦争を誘発し、地球規模での人類の危機につらなる。しかし、この核兵器の行使を括弧にいれた通常戦争の想定においても、都市型社会における戦争の論理は、農村型社会に対比して、決定的な差異をもってくる。〔この差異は戦争技術の情報化・ハイテク化、あるいは市民世論による批判回避のためのピンポイント攻撃化といったレベルだけではない。〕都市人口のひしめくヨーロッパなかんずく超過密の日本では、大陸国家としての安定性をもつ米ソ以上に、都市型社会の問題点が戦争の論理にきびしくあらわれると考えなければならないからである。

農村型社会から都市型社会への移行のもっとも明確なちがいの第一は、第一次産業（農林漁業）人口の減少である。工業化がはじまる近代以前の数千年の歴史をもつ農村型社会は第一次産業人口は九〇％前後と考えてよいが、工業化がはじまる近代以降は第一次産業人口の減少が加速して

図１　総労働力に占める農業の割合（%）

	第１次大戦期	第２次大戦期	１９６０年	１９７７年
イギリス	7 (1921)	5 (1951)	4	2
フランス	30 (1911)	20 (1951)	22	10
イタリア	45 (1911)	35 (1951)	31	13
アメリカ	32 (1910)	12 (1950)	7	3
ソ　連	71 (1928)	40 (1948)	42	19
日　本	52 (1925)	48 (1948)	33	14

なお、日本の1977年の14%は第二種兼業をはずすと激減する。
（宮崎．奥村．森田『近代国際経済要覧』1981、17頁より作成）

いく。農村型社会から都市型社会への移行期は、第一次産業人口とくに農業人口が三〇%を切ったときと私はみなしている。農業人口を三〇%以上かかえている第一次大戦までのヨーロッパやアメリカ、戦前の日本は、農村型資本主義社会だったのである。社会主義でも、ソ連のスターリン段階や今日の中国は農村型社会主義社会と位置づけることになる。ここでいう都市型社会のいわゆる成熟期は、農業人口が一〇%を切ったときとみなしたい（図1）。第二の特徴は、その帰結として、都市への人口集中、ことに一〇〇〇万単位の連坦した巨大都市の形成をあげたい。以上の二点からみれば、イギリスは例外だが、アメリカ、西欧、日本は第二次大戦時にはまだ農村型社会からの移行段階にあったが、一九八〇年代でようやく都市型社会の成熟段階となり、ソ連、東欧もやがて成熟段階にたっすると考えてよい。

ここで、第二次大戦後の戦争類型をみておこう。

（一）後発国間――インドとパキスタン、ヴェトナムと中国、イランとイラクなど。

（二）先発国をふくめた後発国内――韓国、アメリカと北朝鮮、中国、フランスとアルジェリア、フランス・アメリカとヴェトナム、ソ連とアフガニスタンなど。

（一）はもちろん、（二）においても、農村型社会を戦場にしている。

とすれば、成熟した都市型社会間においては、戦争は今日までのところ未発なのである。この新しい都市型社会での戦争のイメージは、最悪事態までをふくめて、理論的に、構想力によって組みたてるほかはない。というよりも、その戦争イメージは、都市型社会の構造分析から、さらには現実の予兆によって、理論モデルとして想定しうるはずである。

この都市型社会という戦争の社会的前提についての理論洞察、さらにこれにともなう戦争イメージの再構築は、この意味で社会理論の急務となっているし、ひろく先発国での政策構想全般の基礎といってよい。当然、この理論作業は、逆に、農村型社会における戦争ないし政策の社会的前提の特性をも明確にする。

このことを日本に即していえば、日清・日露戦争は農村型社会を前提としており、それに第二次大戦の日中・太平洋戦争は過渡期をなし、ついで今日、都市型社会の成熟によって、戦争の社会的前提がいかにおおきく変ってしまったか、ということを明らかにすることとなる。

二　民主化・工業化と戦争

工業化の深化は、農村型社会から都市型社会への移行、ついで都市型社会の成熟をうみだしていく。この工業化は、共同体・身分の崩壊、ついで人口のプロレタリア化つまりサラリーマン化によって都市化をひきおこして、かならず、〈形態〉的意味での社会の自由化・平等化、つまり民主化をうみだす。また逆に、民主化も、工業化をうながす条件を拡大する。

この民主化と工業化は、いずれも、戦争のダイナミックスにとって、両義性をもつ。

まず《民主化》の帰結は、マス・デモクラシーの形成となる。このマス・デモクラシーは、工業化にともなうテクノロジーの革新をふまえた官僚統制・大衆操作を可能とする政治技術の高度化をうみだす。これは、とりもなおさず戦争への国民動員の条件である。マス・デモクラシーは、第二次大戦はもちろん、すでに第一次大戦でもみられたように、戦時全体主義ないし全体戦争・総力戦の鋳型といってよい。

他方、マス・デモクラシーは、詳しくは後述するが、それ自体、市民レベルにおける反戦運動やレジスタンスまたゲリラの展開の条件でもある。これらの市民活動は、さらに、国境を越えた市民間の国際連帯につらなっていく。たとえば、今日、NGOをふくめて国際市民運動が活発にうごいている。この意味で、戦争にたいする民主化の意義は、アンビバレントである。

《工業化》の進展は、国民生産力の拡充を意味する。工業化は、SFまがいの新兵器の開発、ついで軍需産業やコミュニケイション・システムの強化によって、戦争経営の技術水準をたかめる。だがそれだけではない。自動車・トラクター産業は戦車生産にいつでも切りかえうる。自動車の普及は、戦車乗員の大量養成を容易にする。コンピュータの普及も、兵器操作要員の増大につらなる。工業化は、民主化とおなじく、軍事化への潜在力の増大をうみだしていく。

けれども、工業化は、後述するように、軍事化にマイナスの意味をもつ。工業化は、国内分業、国際分業を複雑にし、国際社会の国際化としての「相互依存」の拡大をうむ。この「相互依存」の拡大の結果、今日では、欧日の先発国においては、多少幅のある米ソの大陸国家とは異なって、戦争の接近ないし突入は通商の破綻となり、ただちに国民経済の崩壊につながる。さらに巨大都市のパニックも想定せざるをえない。工業化も、戦争に関連してはアンビバレントである。都市型社会の成熟段階での戦争は、この民主化・工業化の両義性の矛盾を一挙に拡大するであろう。このため、近代国民国家を基軸とするクラウゼヴィッツの古典的戦争論の枠組はくずれていく。国境の明確性、ついで国民経済の自立、国の政府による軍事力の独占というのが、近代以降、いわゆる国家による戦争の枠組であったが、都市型社会ではこの枠組全体が不安定かつ流動的になってしまう。それだけではない。具体的論点をつぎにみていこう。

三　民主化の軍事的問題点

（1）人間型の変容

民主化は、工業化による人口の都市化とあいまって、漸次、人間型を伝統型から市民型へと変えていく。人間の文化的性格型の変化がおこるのである。いうまでもなく、この変化は、文化変容だけでなく、栄養状態、労働条件、それに生活様式の変化による体形の変型とあいともなっておこる。

まず忍耐、禁欲、勤勉さらに自己犠牲などは、いずれの国の軍隊においても兵士の美徳である。この美徳は、農村型社会の倫理そのものであった。だが、都市化した人間では、創意性、批判性のたかまる「市民」という人間型の大量醸成がはじまり、この農村型社会の美徳がうしなわれていく。

また、農村型社会の人間は、伝統型の閉鎖性をもつムラつまり共同体を土台に生活しているため、その心理構造の延長のうえに排外ナショナリズムにおちいりやすいが、都市型社会の「市民」はコスモポリタン（世界市民）に傾いていく。いわば国際交流の機会がますにつれ、排外ナショナリズムに批判的となるばかりでなく、〝敵国〟に〝友人〟をたくさんもつようになっていく。ヨーロッパ中世の貴族間にみられた国際連帯と似た状況が、市民の国際交流において、国境ないしナショナリズムをこえて出現するのである。

こうした都市型社会の条件は、〔「国際緊急軍」の組織化をも可能とするが、他方〕戦時における兵士の脱走、あるいは市民個々人の国内亡命、国外亡命、さらには国境を問わない反戦運動、ついでレジスタンスないしゲリラの登場をうむ。すでに多様な国際市民活動がその萌芽をしめす。

ヴェトナム戦争におけるアメリカ国民はまさにこのような緊張した位置にあった。当時、アメリカでは、従来想定されていた祖国への忠誠という戦時倫理の最低基準すら崩壊したのである。それに、農村型のヴェトナム人と都市型のアメリカ人とでは戦闘ないし戦場への対応性も異なっている。アメリカ・ヴェトナム戦争については、ソ連・アフガニスタン戦争とともに、この人間型の側面から今一度、検討を必要としよう。

以上のことを逆からみれば、伝統型農民こそが兵士の供給源だったことになる。都市型社会の成熟によって、先発国では伝統型農民は消失し、農民自体も一〇%をきるだけでなく、農業市民へとかわりつつある。都市型社会では、伝統型農民を兵士主力とする伝統型軍隊自体が成立しえなくなる、という論点がきびしくうかびあがってくる。

今日の軍隊では、伝統的ファナティストがいくらか残るとしても、将校、兵士ともに、日常の市民性をもつサラリーマンがその実態になっている。そのうえ、兵士のなかでも、前線要員の比率は減り、後方要員が格段にふえるため、この兵士のサラリーマン化は加速していく。志願制では軍幹部はもちろん、兵士も職業選択の自由にもとづく就職なのである。徴兵制であっても、かつての義務意識はうすれ、良心的兵役拒否から徴兵逃れまでもおこるが、そのときも軍幹部はもちろん職業選択の自由の一環にくみこまれている。

(2) 分節民主政治の成立

マス・デモクラシーとなる民主化は、軍事機構の肥大、さらに総動員態勢をとる全体戦争の条件でもある。男子普通平等選挙権は、ラジカルな共和思想や急進労働運動などによって準備・構想されたとはいえ、その実現の直接契機には、日本、欧米をふくめて、二〇世紀にはいってからの国家総動員という軍事要請があったことは、歴史のしめすとおりである。

だが、民主化は、工業化による社会分業の深化がすすむため、〔利害・意見の多様化による〕社会の多元化をもたらし、この社会の多元化はついで政治の分節化をうみだしていく。つまり、民主化は、政治のレベルでは、全体主義政治と分節民主政治との緊張をうみだすのである。このいずれにかたむくかを決定するのが、市民の政治熟度である。市民の政治熟度がたかければ分節民主政治が展開され、それが低ければ全体主義政治の受容となる。

分節民主政治の展開はつぎのように定式化できる。

(a) 市民自由ついで市民批判の確立

（b）多様な市民活動、圧力団体の展開
（c）複数政党制の活発化
（d）自治体の自治権の拡大
（e）国の大統領・内閣にたいする議会、裁判所の自立化

この社会の多元化、政治の分節化の進行は、かつてルーデンドルフに代表されるような、将軍たちの夢みる軍事国家のユートピア、つまり総動員型の「全体戦争」の幻想（『三矢研究』の発想もこの系譜である）をうちくだく。

この分節民主政治は、戦争をめぐっては次のようにあらわれる。

（a）個人自由としての市民抵抗、兵役拒否
（b）平和運動・反戦運動さらにはレジスタンス、ゲリラの形成
（c）戦争をめぐる政党間の政策対立
（d）「非武装自治体」ないし「無防備地域」の設定による自治体の抵抗
（e）戦争準備、戦争開始、戦争動員についての憲法手続の重視

このような分節化した政治状況に対応できないとき、政府は反動化する。いいなおせば反動化なくしては戦争遂行はできないのである。だが、この政府の反動化はまた反戦ゲリラないし革命

のはじまりでもある。

（3）軍事機構自体の内部論点

民主化を前提とした現代の軍隊では、支配層による将校独占はありえない。将校団も、出自、思想は多様になっている。それに、かつては、統帥・外交は君主の秘術、国家の秘密であったが、現在「外交」とおなじく「統帥」にも、文民統制はもちろん、市民運動による批判、マスコミによる監視、また情報公開やオンブズマンなど、市民管理の制度化が各国それぞれのかたちで日程にのぼっている。

軍隊の組織編成についても、すでにふれたが徴兵制のむずかしさを考える必要がある。今日のところ、平時はともかく、戦時徴兵制は困難となってしまった。徴兵制を採用するならば、農村型社会とは異なる都市型社会では、市民型の自由感覚・批判感覚をもち、文化水準のたかい青年層がその対象になる。そのとき、大量の良心的兵役拒否者、国内・国外亡命者、ついで脱走兵への対応を考えなければならなくなっている。

これに失敗すれば、徴兵制の正統性自体がくずれる。〔それゆえ、国によってはボランティア活動などへの代替勤務の選択が制度化されていることは周知である。〕徴兵制こそ平等の負担でなければならないからである。さらに、政党対立のはげしい国では、徴兵制がとられるならば、軍隊内部で各政党のフラクション活動がはじまる。いずれも、たえず軍隊の崩壊をうみだす条件である。〔しかも、軍は今日ではハイテク技術者集団となっていくため、短期の徴兵制よりも、熟度をたかめうる志願制がむしろ実効的となる。〕

また文化水準のたかい兵士を軍隊がかかえこむ結果、かつてのような忠誠宣誓による規律保持を兵士に強制できない。事実、たとえば、アメリカのヴェトナム侵攻、中米介入など、あるいはソ連のチェコ侵攻、アフガニスタン侵攻などでも、軍隊には致命的となる、侵攻の正統性、軍隊の存在理由へのラジカルな問いなおしが、兵士のレベルですすんだのである。それだけではない。日常不断に、将校はたえず兵士によって批判されるし、また兵士個人の抗命権はもちろん投降権も争点となっていく。これは、第二次大戦後の国際軍事法廷が強調した論点でもあった

軍事情報については、言論・出版の自由をもつ国々では日常の会話から多様なメディアの活動、あるいは新しく情報公開システムの整備によって、公開度がたかまっている。国際的にみれば、市民間の相互交流、政府間の情報活動、さらに偵察衛星、通信分析などもくわえて、ここでも軍事情報の公開度はひろがっている。軍事問題をめぐる公開論争もその公開度を拡大する。軍事機

密といっても、それは一時的なものにすぎず、そのほとんどはタイム・ラグをもって、非公式、公式をとわず公開となっていくのである。その結果、軍事機密という観念を中心に保持されてきた軍隊の超日常性という威光もくずれる。

たしかに、全体主義政治のもとにおいては、一党独裁、軍隊の特権化によって、以上の論点は抑圧される。それゆえ、全体主義政治では、戦争準備、戦争動員、戦争開始にあたっての効率もたかい。

だが、そこでは、以上にのべた軍隊組織をめぐる問題点は、抑圧されているにすぎない。とくに複数政党システムであれば世論へのフィードバックもきくが、ここではきかない。そのため、軍事情勢の推移如何では、かえって軍隊ないし体制を崩壊させるエネルギーが急速に蓄積される。それは、敗戦ないし革命をよびおこす。このため、全面戦争はもちろん局地戦争にも、安易に突入できないことを強調しておきたい。

くわえて、全体主義政治においても、都市型社会が成熟してくれば、工業化→都市化→市民化が進行する。つまり都市型社会への移行という社会的前提によって、市民型人間型の大量醸成が「自由化」という名ではじまり、民主化つまり分節民主政治への移行がすすむのである。

四　工業化の軍事的問題点

(1) 国内・国際分業の拡大

農村型社会では、遠距離交易も不可欠だったが、小規模の村落ないし地域でほぼ生活必需品の自給ができた。都市もまだ小規模である。工業化は、この地域自給をほりくずしながら、国民経済を成立させ、さらに国際分業へとつらなっていく。今日では、国際社会自体の「国際化」という、いわゆる相互依存がひろがる。都市型社会の成熟をみた先発国のそれぞれの国民経済は、精密機械のような国内分業・国際分業のネット・ワークからなっている。とくに戦争による国際分業システムの攪乱は、都市型社会を成熟させた先発国の国民経済への直接の衝撃となる。この攪乱の構造は、生活の最低条件が地域自給によって安定している農村型社会とは全くちがう。

まず日本や、〔北海石油をのぞき〕ヨーロッパ諸国は、資源とくに石油の供給を国外の他地域に依存している。石油がなければ、SFまがいの新兵器をはじめ、戦車、艦船、航空機はスクラップとなる。また工業生産はもちろん、農業生産もストップする。その結果、高度の機械技術は無用となり、カナヅチ、クワが復活する。また流通の中枢をになっているトラックそれに鉄道、船舶、航空機もマヒ状態におちいる。

とすれば、国民経済が国際分業にくみこまれていればいるほど、有事近しで、原料輸入と製品輸出との双方のストップのハザマで、戦略備蓄もおいつかず、国民生産力は急速に低下し、膨大な失業者が街頭にあふれはじめる。これが都市生活のパニックにつながっていく。市民や企業による買いだめ、売りおしみも都市生活の崩壊を加速する。

現在、都市型社会の成熟をみた欧日の先発国は、米ソにたいする発言力を拡大しつつあるとはいえ、すでに軍事的にモロイ存在になっている。たんなる抑止力としての核保持ではなく、本来の核戦争を想定して準備しているのは米ソの大陸国家だけとなってしまっている。それゆえ今日の軍事対立は東西対立ではなく米ソ核対立なのである。〔補注　核については、その後、冷戦の終り、後進国での保有による核拡散という状況変化がある〕

いまだ農村型社会の性格を多分にのこしていた第二次大戦でも、いわゆる「持たざる国」（ドイツ、イタリア、日本）では当然、戦争の長期化によって軍需生産、市民生活の急速な崩壊がおこった。戦勝国イギリスにおいても、アメリカによって支援されたため回避されたとはいえ、直面した問題は同様であった。その後、図1（22頁）でみたように、都市化の加速をみているのであるから、欧日の事態はさらに深刻となっている。それゆえ、ヨーロッパ、それに日本が、米ソそれぞれにたいして、中国とは異なった文脈で、自立の道を模索するのは必然性がある。

（2）巨大都市の登場

先発国における一〇〇万人単位さらに一〇〇〇万人単位の巨大都市の登場は、この国内・国際分業の深化の意味を鋭くしめす。巨大都市とは、地方制度上の自治体の区域からではなく、実質的に一〇〇万人以上の単位で人口が連坦している都市圏をさす。今日では一〇〇〇万人単位の都市圏も成立する。たとえば、東京圏には二八〇〇万人、大阪圏には一三〇〇万人が集住している。この巨大都市の国際比較研究はさしあたっての急務である。

この巨大都市の人口は、毎日、国内それに世界から、食糧、石油をふくむ資源が正常に供給されてはじめて生活しうる。ことに石油ついで電力は都市にとって決定的である。〔それに、都市・農村地区のいづれでも、自動車、暖房などをめぐって、石油問題も火を噴く。〕この食糧、石油の供給ルートが戦争で攪乱すれば、否攪乱すると予測されるだけで、巨大都市はパニック状態におちいる。戦略備蓄とかシーレーン防衛は気休めにすぎない。もしそれを本格的におこなおうとしても膨大な負担となって不可能である。

事実、とくに日本では、都市家庭の食糧ストックは数日分もない。危機の予測によって、買いだめ、売りおしみがはじまるため、供給ルートの末端で矛盾が爆発する。そればかりか、そのとき巨大都市はパニックとなり、略奪、放火の巷となることも想定しておく必要があろう。

このパニック状態においては、内外からの都市ゲリラの出現も予測する必要がある。この都市ゲリラは巨大都市をささえる交通・情報あるいは水、エネルギーなどライフ・ラインのネットワーク中枢を破壊するかもしれない。

このパニック状態からまた、一〇〇万人単位、一〇〇〇万人単位での人口の都市脱出がはじまる。中小都市や農村の収容能力には限界がある。そのため、避難民たちは難民化せざるをえない。ある場合、野盗になる。またある場合は、国境をこえる脱出あるいはボート・ピープルとなって国外逃亡をねらう。軍隊、警察による治安強化も、この巨大都市の崩壊というダム決壊には対抗しえない。

この巨大都市の崩壊は、国民生活ないし国民経済全体を急速に破綻においこむ。この巨大都市が首都であればなおさらである。首都の崩壊のはじまりは、やがて、行政機構、また軍隊、警察の解体に連動する。

とくに日本

日本の国土面積は、カリフォルニア州ないしポーランドの規模である。しかし、その七〇%は人の住めない山地である。そこに一億二〇〇〇万人が生活している。日本が超過密社会といわれる理由である。そのうえ東京圏と大阪圏とで四〇〇〇万人、そのほか一〇〇万都市圏が五つある。つまり日本人口の二分の一近くが巨大都市に集住する。日本は、都市型社会の過熟状態といってよい。〔それに原子力発電所も群立している。〕ミサイルないし核攻撃をふくむ空からの攻撃にとって、もっとも効率のよい国土構造となっている。この超過密という日本の国土構造の特性を図2は明確にしめしている。この高密度性が、都市・公害問題を激化させた理由だが、戦争社会学的にも日本の基本構造としてのこの高密度性に留意したい。

戦時には、国民の半数におよぶ巨大都市の人口が食糧をもとめて地方に流出するのだが、地方の収容力はないとみるべきである。今日でも、日本の食糧供給は自給率が低く、外国に依存しているのは周知である。同じ都市型社会といっても、この点は広大な農業地域をもつアメリカ、ソ連、ついでヨーロッパとはまた決定的にちがっている。それに、農村での収容という、都市人口の「疎開」をうけいれた、かつてのイエ制度は、第二次大戦時にはまだ有効だったが、戦後はく

図2　可住面積1km²あたりの経済活動の比較（1976）

	日　本	イギリス	西ドイツ	イタリア	フランス
人　口	100	27.4	38.5	25.5	14.3
総生産	100	22.0	56.4	16.2	19.0
エネルギー消費量	100	39.3	62.3	23.6	17.1

矢野恒太記念会編『日本国勢図会』（1979年版）518頁

ずれさっている。

とりわけ日本は〔明治以来、戦後もつづく官治・集権型の政治・行政構造からきたのだが、〕東京集中の国土構造をもっている。この東京圏への食糧・エネルギーなどの供給は、今日では、全国規模のみならず地球規模での精密なシステムでおこなわれている。そのうえ、都心への通勤システムが機能してはじめて、行政機構、自衛隊・警察それに企業本社などの管理中枢がうごいているのである。この巨大なシステムは、平時でも、部分的一時的に攪乱されれば、ただちにパニック状況となる。まして有事においてをやである。

さらに、日本の巨大都市の家屋は、〔最近はマンションの増大があるとはいえ〕なおスラム型の木造家屋の密集状況にある。戦時には菜園となる公園や庭などもすくない。日本の都市はこの点でも、兵火に決定的に弱いことにも注目したい。

これらの日本の都市型社会の特性は、地震との関連ですでに深刻な問題である。しかし、その深刻さは政治・行政のみならず、社会理論においても充分自覚されていない。まして、戦争社会学の課題として検討されるにもいたっていない。過熟をみた日本の都市型社会は、戦争社会学をふくめ、ひろく《危機社会学》の視点からみて、その不幸なモデルであると私は考えている。

この実状を前に、私たちは、都市型社会の過熟による便利さ、快適さにひたって、都市のモロサ、さらにコワサを理解しえない農村型発想をもつにとどまる。このため、日本では、いまだ都市づくり、それに国土づくりの充分な誘因がはたらいていない。これが、都市型社会という基本前提を無視する安易な防衛論議の背景となっている。

五　軍事行動の阻害条件

(1) 軍隊・産業・都市の崩壊

すでにみたように、第二次大戦でも、欧日では、戦争資源のストックをつかいはたしたのちは、軍事力が急速に低下した。それは、生産力の低下だけでなく、国民の戦意の低下でもあった。そのうえ、ドイツや日本では、資源ことに石油の獲得が侵攻への誘因となり、軍事作戦に無理がかかっていた。この第二次大戦に出現した状況は、今日、倍加した条件で、欧日に出現しているとみなければならない。

なぜなら、兵器それに軍隊・産業・都市のメカニズムはより石油ないし電力を必要とし、ますます複雑かつ大規模化しているからである。それゆえ、戦略備蓄やシーレーン防衛などで追いつくはずはない。しかも、ここからくる都市の崩壊は、都市にのこしてきたわが家族はどうなっているかというかたちで、都市出身の兵士の精神的動揺をうむ。ムラ共同体のもとで家族の安定を一応は期待できた農村型社会の兵士とは異なっている。この動揺も戦時動員態勢ならびに軍隊の解体をひきおこす。

(2) 難民への対処

戦争は、自国軍、敵国軍を問わず、都市・農村の陸海空からの破壊あるいは占領によって、かならず難民をうむ。ことに、軍事破壊力は、核兵器の使用がなくても、ミサイルをふくむ通常兵器レベルでも第二次大戦の水準をはるかにこえる。そのうえ前述したように、巨大都市は有事には「自壊」する。そのとき、一〇〇万人単位から一〇〇〇万人単位の難民をうむ。このような状況のもとで、攻・守いづれの軍隊も、作戦行動を阻害されるだけでなく、自治体、国の行政機構はこの膨大な難民に対処せざるをえないが、その対応能力はない。

(3) 国内叛乱の可能性

市民生活・国民経済の混乱、あるいは戦争の正統性の喪失がおきれば、また戦争が長期化するか負けいくさとなるとき、市民の文化水準のたかくなっている都市型社会では、かならず都市ゲリラをふくむ、厭戦、反戦の叛乱がおきると想定しておかなければならない。ヴェトナム戦争において、アメリカはヴェトナム人民に敗北したのか、それとも市民運動というかたちでの国内叛乱あるいは国際平和運動に敗北したのか、その関連を今一度的確にとらえなおす必要があろう。〔ソ連でも、このような事態がアフガニスタン侵攻をめぐっておき、ソ連の崩壊につながった。〕

この国内叛乱の兆候ついでその拡大はかならず軍隊に感染し、脱走兵の増大、ついで軍隊の自壊、さらには革命へとつらなる。とくに国内が戦場となっているときには、国外侵攻の場合と異なって、兵士は軍服をぬぐだけで脱走できる。脱走兵が数％であれば、軍隊でも分業による専門職化がすすんでいる今日、軍隊の自壊がおころう。

もちろん、侵攻軍にたいしても、市民の抵抗つまりゲリラをふくむレジスタンスがはじまるが、それは自国軍隊の指導のもとにではなく、革命という性格をもって展開されるであろう。

六　侵攻の阻害要因

以上の都市型社会の戦争社会学的問題点は、被侵攻国だけでなく侵攻国の内部においても同じくあてはまる。とくに、先発国間では、限定戦争をめざしてもかならず全面戦争になることを留意しなければならない。まず、被侵攻国が敗けそうになってくれば、原爆保有国であれば原爆をかならず使用するだろう。原爆を未使用のまま敗戦をむかえることはありえないという、最悪事態を想定すべきである。ついで限定侵攻にたいしても、被侵攻国は動員力のない後発国とは異なって全力をあげて対抗するため、それは必然的に全面戦争になる。これが、後発国間、それに先発国・後発国間と異なる、先発国間の戦争の論理である。それゆえ、先発国では、侵攻国・被侵攻国を問わず、都市型社会の問題点が噴出する。

(1) 侵攻の予測

先発国間では、部分侵攻をめざしてもかならず全面戦争になることが想定されるため、大軍の集結、大量の兵站が不可欠となる。そのため、侵攻はかならず事前にキャッチされよう。最初のミサイル攻撃は別として、通常戦型での奇襲はできにくくなったのである。侵攻は、いわゆる古典的スパイ活動によるのはもちろん、公開、未公開の情報分析をふくめ、とくに最近では偵察衛星によってかならず探知される。そのとき、相手国はただちに外交・内政によって対応をはじめ、侵攻軍の犠牲は増大する。

(2) 兵站の持続

侵攻軍は、当然、軍事力の集中効果をねらって大軍の同時進出をおこなう。だが、都市化している被侵攻国の国民経済の崩壊とあいまって、この大規模軍隊にはかつての小規模軍隊ができたような戦地での現地調達はほとんど考えられない。それゆえ、自国の兵站基地から戦地までの長い補給ルートの確保そして維持が、独自の困難な課題となる。ことに海路ついで空路を必要とするとき、困難はいちじるしい。また、この兵站線へのゲリラ攻撃を想定する必要がある。

(3) 侵攻地域における市民保護

侵攻地域では、破壊力の行使がなくても、地域の都市生活の崩壊がおきている。ことにヨーロッパや日本では、人口の都市化が進行しているため、大量の都市難民が発生することになる。難民の生活維持が侵攻軍の負担となる。

そのうえ、侵攻の正統性の欠如とあいまって、侵攻地域の市民の非協力さらにレジスタンスやゲリラに悩まされる。また、文化水準の低い国の軍隊が、文化水準の高い国に侵攻したときは、友好市民の大量獲得は期待できない。それどころか、侵攻軍自体が、被侵攻国のゆたかな文化にふれて腐蝕がはじまり、侵攻軍の精神的武装解除がすすむ。

のみならず、文化水準の高い被侵攻国では、たとえば簡便対戦車兵器の設計図がひろく出回り、誰でも、どこでも、それを作りはじめ、兵站線を中心にゲリラを活発にしていく。これは、侵攻軍の精神的はもちろん物理的な武装解除につらなる。

とくに日本　基本的には、すでにみたように、人口の半分が巨大都市にすむという都市型社会の過熱があるが、くわえて次の論点を想起したい。

（一）　島国　島国への侵攻にあたっては、想像以上に大量の艦船を準備しなければならない。侵攻後も海上補給の確保は不可欠である。それゆえ、地続きの侵攻と比べれば格段にむずかしい。これはナポレオン、ヒトラーの対イギリス上陸作戦の断念にしめされている。第二次大戦におけるノルマンディー上陸、沖縄上陸をめぐる海をこえたアメリカ本国からの膨大な補給態勢は、当時のアメリカの圧倒的な生産力の産物なのである。

（二）　地形　日本の山地は国土面積の七〇％である。少ない平地に水田も多い。それゆえ、ヨーロッパの平原で開発された大型戦車の大量結集という機動戦はおこないにくい。北海道の平原は例外といわれるが、それでもやはり北海道も山地が中心なのである。くわえて、自衛隊の戦車も日本のような人口密集地域ではたしてうごけるのだろうか。動けても都市を破壊したら今度は難民問題が激化する。それどころか、人口密集のため、自衛隊の弾は必らず日本の市民にあたり、住宅も破壊する。

また七〇%に及ぶ日本の山地は、ユーゴやヴェトナム、アフガニスタンの山地同様、ゲリラに有利な地形であり、侵攻軍にとっては決定的マイナスとなる。また正規軍相互でも、第二次大戦時、戦車のうごきにくい山地があるイタリアでは、連合軍は苦戦を強いられていたことを想起したい。

(三) 資源　資源は、石油、食糧をふくめて絶対的に不足しているため、日本は貿易立国にならざるをえない。日本への侵攻はこの貿易の中断となる。有事は、それゆえ、産業の解体だけでなく、国民生活の絶対的低下をよびおこす。このため、侵攻国は、第二次大戦の敗戦時、アメリカが日本にたいしておこなったような国民生活維持の責任を、それ以上のかたちでとらざるをえない。それどころか侵攻軍は、日本の工業や農業を利用できないゆえ、自軍のためにも、それこそ海路ないし空路で兵器類のほか、膨大な石油・食糧などを補給せざるをえない。

七　防衛政策と国際化・分権化

このような都市型社会の問題点、とくにそれが尖鋭となってあらわれる日本の現実をふまえない今日の有事論議は、結局、農村型社会モデルの兵隊ゴッコの発想にとどまる。日本の旧軍隊が、「戦闘」の習練はおこなったが、幹部育成においても「戦争」の研究はおこなわなかったという悪しき思考の伝統を、ここであらためて想起しよう。

「今日」の日本は、戦争突入以前の、「有事迫る」というだけでパニックになる、精密機械のような構造的モロサをもつにいたっている。パニックになれば、陸上自衛隊は自壊してその装備はスクラップになるだけである。それに海空の自衛隊は、この事態になれば、太平洋でのリムパック演習からよみとれるように、日本から脱けだし、海の彼方に「逃亡」するという予測も必要であろう。〔この軍の「逃亡」は、かつて第二次大戦で、一時ドイツに敗北したフランス軍の一部でおきている。〕だが、侵攻軍にしても、資源もない、それにパニックをへて廃墟となりつつある国土を侵攻し、おおきなコストをかける必要はない。軍事拠点にたいしては、弾道、戦域を問わずミサイル攻撃で充分なのである。〔これを抑止するには、不可能だが宇宙戦争システムの開発しかない。〕

私たちは、以上にみた都市型社会の過熟による日本の構造的モロサへの認識を、旧来の保守・革新のイデオロギー対立をこえて、今日、防衛論議の基本におかなければならない。とすれば、今日の防衛論議は、日本の構造的モロサをふまえ、外交レベルで争点を個別的にしかも着実に解決していくという国際政策の構想に飛躍する必要がある。とくに、日本の外務省が今日でもイデオロギー外交にとらわれがちという時代錯誤であるため、争点を個別的にしかも着実に解決するという考え方をここで強調しておきたい。

今日、日本の「国際化」は、経済だけでなく政治、文化の領域をふくめて、国レベルだけでなく、また国レベル以上に、市民活動、団体・企業、また自治体の各レベルで多様なかたちですすんでいる。それゆえ、この国際化は国からも自立する市民レベル、団体・企業レベル、また自治体レベルでの国際政策の模索と直接、間接に対応している。「国家」の防衛政策という発想では、日本の「国際化」はむしろ閉じられて、失敗するのではないか。

日本の構造的モロサを克服するには、この「国際化」に対応して、市民、団体・企業、また自治体、国の各レベルでそれぞれの国際政策をおしすすめるだけでなく、また国土構造の「分権化」をめざす必要がある。集権のセンターであるため過大となった東京圏の再編は、分権化にともなう国土の多核化によってのみおしすすめうるのであるが、時間はかかるとしても不可欠である。

すでに、東京圏は、震災対策はもちろん、公害、地価、ついで都市の生理的基本条件である水の供給、ゴミの処理でゆきづまっている。通常論じられている食糧・エネルギーの供給や交通・情報の巨大システム化によって、ゆきづまっているだけではないのである。そのうえ、巨大都市ではいつでもパニックがおきる。しかも、予測によれば、その人口は、二八〇〇万からやがて三〇〇〇万をこすといわれている。

首都東京圏三〇〇〇万人の巨大都市人口を戦時に維持しうる自信は、今日の政府は到底もっていないはずである。すでにみたように「有事」にはダム決壊とおなじような圧力をもつ一〇〇〇万人単位の難民の洪水が巨大都市からあふれでるのである。それゆえ、日本の市民生活の安全保障を文字どおり目標とするならば、とくに東京圏の肥大が集権政治の反映であるため、分権化による国土構造の多核化こそが、自衛隊の軍備強化に優先する最緊要課題である。

東京圏の拡大が日本の政治・経済・文化の中央集権の反映であるかぎり、たんなる人口分散〔あるいは首都機能移転〕をうたうのではなく、この政治・経済・文化の分権化が急務となる（「東京圏をめぐる戦略と課題」『世界』一九七八年一〇月号、拙著『都市型社会の自治』第三章1、日本評論社、一九八七年所収、参照)。とくに、省資源型適正技術の開発による日本経済の地域的多核化の推進にも、留意をうながしたい。

だが、あらためて、日本は経済大国となって都市型社会の過熟をみた結果、戦争のできない構造になってしまったことを確認しよう。それゆえ、国の防衛政策は、自衛隊中心ではなく、市民、団体・企業、それに自治体、国の各レベルによる多元・重層型の国際政策が基調という、日本の国際化・分権化をふまえた分節政治型の問題設定が、都市型社会の過熟という社会的前提の検討から、必然的にみちびきだされる日本の選択の方向となる。

以上にみた、この都市型社会をめぐる理論提起は普遍的意味をもつ。日本をふくめていずれの国の軍事専門家も、都市型社会固有の軍事問題の構造特性を理解せず、農村型社会での戦争を原型として、防衛・侵攻の構想を追っているからである。

都市型社会と農村型社会との社会形態の相異が自覚されていない今日、米ソをふくむ特定国の軍事暴走をくいとめ、さらにその政策転換をうながす理論フレームとして、この都市型社会の設定はすぐれた寄与をなしうるはずである。戦争社会学をふまえた政策理論の展開が、今日の急務である。都市型社会という理論設定がはじめて防衛論争の構造転換を誘発できる。

市民からの出発を

最後に、とくに、日本の防衛論争をめぐって、二点を指摘しておきたい。

第一は、軍事機構をふくめた日本の官僚組織の対市民規律の欠如である。一九八一年の五月、秋田県沖の漁網切断問題で、日米合同演習がついに「異例」の中止になった。これは、自衛隊が天皇の、そして国家の軍隊という旧軍の伝統のもとにあるという事態を改めて露呈した。演習の「時期」や「海域」が、マス漁の最盛期にかさなっていることが、市民生活の無視、すなわち対市民規律の欠如を明確にしめす。だが、また、その中止の理由は、対市民規律の回復にあるのではなかった。これには日本国民の対米感情の悪化を恐れた外相の意向がつよく、防衛庁は中止には不本意であったという（『朝日』一九八一年五月二一日）。

この対市民規律の欠如こそ、とくに満州事変以来、旧軍隊が侵攻地域で残虐行為をおこしただけでなく、サイパン、沖縄などで、市民を戦火にまきこみ、市民への不信から自決をも強要した理由である。軍幹部は、作戦遂行、最後には玉砕という敗北の美学にこだわったが、〔第I論稿でみたように〕市民保護という感覚をまったく欠落させていた。

この対市民規律の欠如は旧軍だけではない。戦前から今日も一貫してつづく、日本の官僚組織全体の体質となっている。日本の官僚組織は、まさに、市民から「信託」をうけた市民の受託機構という自己認識をもたず、市民を「統治」する国家エリートという明治憲法型の自己認識を、今日ももっているのである。なぜ、福祉・都市・環境問題が激化したのかも、行政の対市民規律の欠如という点に焦点をあわせれば説明がつく。今日の市民参加・情報公開・行政手続の制度化へのサボタージュがその典型であろう。

対市民規律自体が官僚組織内部で問題にすらならないことは、官僚法学、講壇法学が今日も明示、黙示に前提とする「国家統治」という明治憲法型発想にとらわれているという理論レベルだけでなく、構造汚職レベルでも明らかである。近年、市民活動という拮抗力が成熟してはじめて、古代以来の東洋専制の風土のなかでようやく、市民と官僚組織、市民と政府との間のルールづくりが日程にのぼってきたにすぎない。

それゆえ、日本の官僚組織の体質改革がすすまないかぎり、自衛隊強化も、政府と市民との間のマサツ要因を拡大するだけであるとみたい。事実、日本では、陸海空を通して超過密で、基地それに演習場の確保も容易ではない。それを強行すれば、周辺の市民との対立を深めていく。

それどころか、防衛庁の「有事立法」のプログラムをめぐる市民保護については、「多少の犠牲はやむをえません」という無責任さである。数千万の膨大な難民が想定されるにもかかわらず、市民保護の制度化という有事立法の中核についての問題意識は未熟ということを、しっかり、私たちは確認しておかなければならない。

ここから、第二点として、あらためて、自衛権の主体は誰なのか、という論点が提起される。すでに、拙著『市民自治の憲法理論』（一九七五年、岩波書店、一七二頁以降）でのべたように、自衛権の主体は、いわゆる観念としての国家ではなく、市民個人である。自衛権は、市民個人の基本人権なのである。

この市民個人の自衛権が、一定の憲法手続で、国の政府に《信託》されるというかたちでのみ、いわゆる国家の自衛権が説明されうる。いわゆる国家の自衛権とは、自衛権の「主体」たる市民によって信託された、国の政府の「権限」にすぎない。いいかえれば、いわゆる国家の自衛権は、国家の本来の「属性」ではない。主権主体たる市民から信託された、国の政府の副次的な「権限」にとどまる。

もし、国の政府が、その信託された権限としての自衛権の行使について、憲法に違反したり政策をあやまるならば信託の解除になり、自衛権は本来の主体たる市民個人が直接行使する。市民個人はその自衛権にもとづいて、レジスタンス、あるいは国内・国外への亡命をはじめる。

また自治体も、市民個人の自衛権にもとづく受託機構として、すでに独自の国際政策をもち、自治体外交をくりひろげている。そこでは「非武装自治体宣言」も可能なのである。すくなくとも、サイパン、沖縄などの悲劇的事態をくりかえさないためには、各自治体は、条例によって、一九七七年の『ジュネーヴ条約追加第一議定書』にみられるような、市民のための「無防備地域」の設定を準備し、その国際予備登録制度の創設をおしすすめることができる。

市民の「有事立法」は、良心的徴兵拒否や兵士の抗命権、投降権の法制度化はもちろん、自治体による無防備地域の設定におよぶ。さしあたり、この追加議定書の批准が急務である。

以上の二つの論点は、つまるところ、日本の明治以来の、そして戦後も保守・革新両系が共通にいだいてきた国家観念のあり方とむすびついている。私たちは、幻影にすぎない、「絶対・無謬」という国家観念に、現実の政府、官僚組織・軍隊の責任を解消してはならない。市民によって信託された国レベルの「政府」にたいして、国家という言葉をつかわないことを提案したい。私たちはあくまでも、「国家」という観念ではなく、市民と政府、市民と官僚組織、市民と自衛隊との間の制度ないしルールの関係として、現実に問題を処理する感覚と思考を身につける必要がある。つまり、政策的・制度的な解決能力をもつという、市民の政治成熟を強調したいのである。

都市型社会の成熟段階は、国民社会の分権化・国際化が日程にのぼり、なによりも、市民型人間型の大量熟成の条件がうまれる時点でもある。すでにみたように、この市民、団体・企業、あるいは政府としての市町村、県の自治体という各レベルそれぞれ独自の国際政策・国際連携によって、分節民主政治という政治の現実がうまれつつある。

そこでは、当然、閉鎖的権威的な「国家」という観念は破綻し、自立する「市民」が政策・制度の出発点におかれる。つまり、市民自治・国民共和・世界平和という古典的図式の現実性が一段と深まったのである。国際政策も、国家からではなく、かならず市民個人から出発する。

とすれば、戦争イメージだけでなく、国家イメージの転換が、今日の急務となる。国家は個人をつつみこむ「絶対・無謬」の運命共同体ではない。今日、国家という観念は、市民と政府に分解し、その政府もさらに自治体の政府と国の政府とに分節される。自衛隊ないし官僚組織の対市民規律のあり方、ついで国レベルの政府から自立した市民の自衛権、さらに自治体政府のあり方をとりあげたゆえんである。

（本稿は、最後の「市民からの出発を」をのぞいて、一九七九年一〇月の「広島大学平和科学シンポジウム」、ならびに故高柳先男さんと出席した一九八一年五月ウプサラでの「もう一つの平和戦略シンポジウム」における報告を整理しなおしたものである。故鴨武彦さんにお世話になった英文はGaltung,J.and others ed.,Global Militarization,1985,Westview Press,Boulder and London.に所収）。

あとがき（都市型社会の危機管理）

有事立法論議の時代錯誤性

私は「生命、自由、財産」としたほうがよいと思うのだが、日本の有事法制でいう市民の「生命、身体、財産」保護の問題を後まわしにしたまま、二〇〇二年の通常国会にいわゆる有事（戦争・戦時）三法案がだされた。だが、あまりにも問題点がおおく、また時代錯誤の内容でもあるため、ついに成立にはいたらなかった。日本の政治・行政ないし内閣・官僚の政策水準の劣化をまたも露呈した事態であった。

とくに、なぜ、有事法制の基本である市民保護が後まわしとなるのかという問題は、おおきくのこる。その理由は、首相、内閣官房をふくめた現内閣の政治中枢における時代錯誤の問題意識のほか、防衛庁、警察庁、海上保安庁、また総務省などタテ割省庁のあいだでの調整があいかわらずつかないためという、お粗末さである。ひろく批判をうけたため、前倒しで市民保護法案を早く立案するとはいうが、事態がこれでは、有事における市民の「生命、自由、財産」の保護立法の立案は無理であろう。しかも、これまでの国会審議、マスコミ論調も、この市民の生命、自由、財産の保護にむけての政策・制度をめぐる具体論にふみこみえないでいる。これらの論点をめぐって、このブックレット刊行の話がでてきた。

このブックレットにおさめた、一九八三、一九八一年、いづれも二〇年前の二つの論稿は、いまだ冷戦のさなかだった一九七八年、福田内閣にはじまる有事法制研究開始とこれにともなう有事立法論議を背景としている。この二論稿の主題は、当時の日本における都市型社会の成立にもかかわらず、この都市型社会における戦争・戦時についての考察を全く欠いている、時代錯誤の有事立法論議にたいする新視角の提起にあった。しかも、このときから二〇年、今回の法案もこの福田内閣段階の考え方の系譜にあり、その論議も二〇年前と大筋では同じ水準にとどまっているではないか。この有事立法論議をめぐっては、推進・反対の双方とも、都市型社会の現実を無視するという、あいかわらずの時代錯誤の水準にとどまっていることに驚きを禁じえない。

今日も日本の有事立法の論議ついで論調では、推進・反対を問わず、一九八〇年代の日本ですでに成熟してきた「都市型社会」の問題性、とくに有事（戦争・戦時）における東京圏、大阪圏などの巨大都市のモロサ、あるいは国民経済の崩壊について、問題意識ないし危機意識を欠くノンキさである。有事立法の論議ないし論調は、都市型社会の今日も、戦争の影響は農村型社会のように局地・限時にとどまって、社会・経済・政治が平常どおりうごいているかのような錯覚に、いまだにとらわれている。だが、都市型社会における「有事」（戦争・戦時）とは、モロイ都市型社会自体の《危機管理》そのものの問題なのである。

政治家、官僚は危機管理ができるか

事実、小泉内閣による今回の有事（戦争・戦時）法案の発想は、まず『自衛隊法』改正案にでている。そこでは、都市型社会ではおこりえない「本土決戦」型の戦闘にそなえるかたちでの、戦車は道路などをどうつかうか、防御施設つまり陣地などをどうつくるか、などがノンビリとわかりにくい条文になっている。けれども、『ジュネーブ条約追加第一議定書』五八条（b）で、「人口周密の地域内又はその附近に軍事目標を設置することを防止すること」が要請されているため、人口密度のたかい日本の平地では、陣地はつくれないのではないか。政府の有事法案には、あきらかに今日の日本の現実とのズレがある。

都市型社会では、第Ⅱ論稿でみたように、従来型の戦争はもはや不可能で、「本土決戦」型戦闘はおこりえないのである。それゆえ、今回の有事法案では、従来型の戦争を想定した小官僚レベルの論点が条文に設定されているにすぎない。第Ⅱ論稿でのべているように、《戦闘》の技術習熟のみにとらわれて、当時スローガンとなっていた「全体戦争」あるいは「総力戦」という当時の《戦争》の構造変化の現実を透視できなかった、学校秀才からなる旧軍中枢の小官僚型発想と同型の誤りにおちいっている。

そのうえ、今日では「国際緊急軍」という性格に変わっているのだが、日米安保条約にもとづいて日本にいるアメリカ軍と国内法制との関係については、今回の『武力攻撃事態法』案二二条③にみられるように、あいかわらずのあとまわしになっている。

それに、新首相官邸地下にようやく本格の危機管理室をつくったことにしめされるように、政治主導の危機管理という考え方自体が、日本の政治では未熟である。今回の有事法案では、安全保障会議の改編、武力攻撃事態対策本部の設置もめざされるが、ここには前の第二次大戦における国家統治型の発想からくる国家総動員が想定されている。事実、『武力攻撃事態法』案の考え方は、国家総動員のための抱括法の性格となっているため、これを根拠法として今後量産される個別法一覧がでているのである。この『武力攻撃事態法』案がもつ特殊な性格にとくに留意すべきであろう。

しかも、国権の「最高機関」である国会の政治責任もアイマイで、あいかわらずヨセアツメの既成官僚が中心となるシクミが前提となっている。維新期を経験した野戦派が政治の中核をかたちづくった明治段階と異なり、大正をへて昭和の学校秀才からなる官僚には、とくに戦後の官僚はなおさら、その体質として危機管理はできないという定評を想起しよう。この有事ないし危機管理をめぐる国会の責任と課題については、官僚立案の「閣法」によることなく、議員立法のかたちで、最高機関である国会みづからが明確にすべきである。

関西大地震でわかったのだが、官僚たちは地震も公務員とおなじく八時間勤務と考えて、所管の旧国土庁は宿直すらおいていなかった。二〇〇二年瀋陽での日本総領事館問題をはじめ、さらに難民・亡命者対応における省庁の事勿れ主義でも、危機管理の能力があらためて問われることになった。これらはたまたま露見した例示にすぎない。偵察衛星を持たないという事態のなかで沿岸防備をめぐる防衛庁と海上保安庁とのキシミからはじまり、危機管理の未熟は狂牛病問題から医療問題、食品問題あるいは環境問題までくわえれば、数えきれなくなっている。

この危機管理をめぐって見識と熟度の欠如という今日の事態については、「国家」意識の欠落をなげくことはできない。古く中国からきた国家という言葉は、明治以降は近代国家機構（state）を意味するように再編されたが、天皇主権から国民主権にかわった戦後は国家観念は実体性・現実性をうしなっていくからである。かつての国家の位置には、今日、日本の市民から基本法（憲法）によって「権限」を「信託」（日本国憲法前文）された国レベルの政府があるだけである。もはや、戦前型の絶対・無謬という国家観念によって、政官業癒着のなかで、現実の政治・行政の改革にたちおくれて、ついに日本の財政を破綻状況においこみ、経済を老化させた、実際のナマの政府・官僚の実態を聖化することはできない。

それゆえ、明治以来、官僚法学、講壇法学が規範化してきたのだが、国の政治家や官僚は「悪をなさず」という想定は、今日誰ももっていないのである。かつて「国家」とよばれたところには、人ガラミ、金マミレで、党派間かつ省庁間、あるいは運動・団体の間で、対立・妥協する失敗多き国レベルの政府・官僚組織があるだけである。「国家主権」という時代ばなれした言葉による神秘化も不必要で、国際法でみとめられているが、つねに不確かでもある国レベルの政府の「権限」といいなおせばよい。

問題は、日々の政治・行政をになう、政治家、官僚それぞれ役割と手法が異なるとしても、それぞれが市民にたいして責任をもつ見識と、たえず変化する事態に即応する職業熟度である。だが、その劣化が、とくに日本が先進国段階にはいる一九八〇年代以降、都市型社会への移行を背景に市民活動を起点とした情報公開のはじまりによって、露呈してきた。

戦前もかろうじて天皇神話で美化できたのだが、戦後も、日本は、職業政治家、ついで職業官僚における、それぞれ異なったかたちではあるが、不可欠の見識つまり予測と調整の能力の訓練、さらに熟度つまり時代の変化に対応しうる能力の熟成に、戦前と同じく失敗した。とくに一九八〇年代には、中進国なりの日本の成功について「ジャパン・アズ・ナンバワン」と煽てられて、政治家、官僚は「傲慢の罪」のトリコになって、バブル期の泥酔状態にはいる。バブルのはじけた九〇年代も、先進国型への「構造改革」という政治・行政の緊急課題が先送りされたにとどまる。

そこでは、周知のように、利益誘導・配分をめぐる族議員、省庁官僚、外郭・業界組織による縦割政官業複合がたえず強化され、国政を従来以上に官僚法学用語での「分担管理」という省庁間利害の束にしてしまった。政治つまり国会・内閣主導であるべき国レベルの危機管理すらも、実質、複数省庁の分担管理となる。この体質を、当然、防衛庁、あるいは自衛隊の幹部ももっている。しかも、その内部では陸海空もまた対立する。

「官僚内閣制から国会内閣制へ」（拙者『政治・行政の考え方』第二章、岩波新書、一九九八年）でのべたが、今日の日本の国レベルにおける政府中枢は、分担管理とあいまって、事勿れ・先送りの堕性をもつ学校秀才の官僚が中核をにぎっていく。政治家ないし国会議員は、今日も国会が「国権の最高機関」であるという責任の自覚も未熟のため、族議員になりさがり、与野党をとおしてとくに危機管理能力の訓練ももたない。事がおこれば無責任な発言をマスコミむけに発するにとどまりがちである。マスコミもこれに無責任に対応して、ニュースとして流す。ここで、政治は消失して、ワイドショウ観客民主政治という、日本におけるマス・デモクラシーの生理と病理そのものの露出となっていく。

しかも、この《官僚内閣制》という日本の政治中枢の問題性にたちいった議論ないし分析すらないという事態は、国会・内閣の政治責任について、官僚崇拝のつよい日本の市民自身がいまだつきつめていないためといえる。ここから、「有事」つまり戦争・戦時ないし危機管理をめぐる、政策ついで法務・財務についての論議をたえず不毛にしていく。

「都市型社会」独自の有事特性

とくに、そこにめだつのは、都市型社会における「有事」つまり戦争・戦時の独自事態についての構想力の貧困である。

私が強調したい基本論点は、有事（戦争・戦時）をめぐる立論にあたって、日本の国レベルの政治家、ついで官僚ないし直接当事者の防衛庁、自衛隊あるいは外務省などの省庁幹部は、日本で一九六〇年代から移行がはじまり一九八〇年代に成熟する都市型社会の現実と構造について、ほとんど認識がないということである。いまだに、爆撃で都市を焼土とし、最後には一億玉砕の夢魔をえがこうとした第二次大戦からもまなばず、その発想の原型は日露戦争の系譜にあるといって過言ではない。今日、日本の政治家、官僚ついで自衛隊の「有事」の発想自体が、農村型社会モデルにとどまっているのも、ここからくる。

二〇〇〇年代にはいった現在、冷戦は終り、アジアの国々も工業化をおしすすめ、ミサイルも当然所有するとともに、原爆すら開発している。また、同時多発テロ、あるいはゲリラや不審船また難民というかたちで伝統的国境の意義が流動化して、軍事・政治状況の変容も加速する。また、通常事態としても、外国籍の在住者がおおくなる。日本でみても外国籍在住者はすでに八〇人に一人をこえた。また、くわえれば、ＩＴ関連のテロも想定される。

だが、先進国における都市型社会の成立という文明史的画期からみるとき、「有事」には巨大都市のモロサ、ついで貿易撹乱による国民経済の崩壊という問題がうかびあがってくる。いずれも、ある場合、世界規模での金融破綻とも連動する。

ここで、巨大都市におきた直下型地震の関西大地震を想起したい。そこでは、ビルの倒壊はもちろん、都市のいわゆるライフ・ラインの崩壊、また日本縦断の交通網の寸断、さらには自治体職員の遠距離通勤不能状態もあって数日は現地で行政自体の崩壊もおきたのである。これが、都心直下型で人口三〇〇〇万人の東京圏におきれば、市民生活がパニックとなるとともに、首都であるため当然ながら、交通・通信の破壊はたちどころに省庁の官僚組織、とくに警察、消防はもちろん、防衛庁・自衛隊の中枢崩壊を誘発する。

この事態は、第Ⅱ論稿でみたように、都市型社会における巨大都市がたえず日常にかかえている、構造としてのモロサである。それゆえ、今回の有事法案にみられるような、陣地をつくり、戦車が走りまわり、弾丸がとびかうという「本土決戦」型の戦闘の想定は、この超過密の日本で本気なのかと疑われるほどの、小官僚心理による政策水準の劣化をしめしているというべきだろう。これでは兵隊ゴッコの発想ではないか。しかも、自衛隊が活躍すればするほど都市は破壊されて難民がふえ、また国土も荒れる。それに、「敵」は上陸しなくても、巨大都市ないし原子力発電所へのミサイル攻撃だけで国土構造を破壊でき、日本はパニックにおちいってしまう。

また、二〇〇〇年の分権改革によって、国は市町村、県にたいする包括的な指揮・監督権をうしない、三〇〇〇余の市町村、四七の都道府県は自立した政府に変わりつつある。知事も、戦前では内務官僚の地方長官だったが、今日はすでに県民代表に変わっている。のみならず、都市型社会特有なのだが、ひろく社会・経済・政治の分権化・国際化が深まっているのである。

とすれば、当然ながら、《都市型社会》独自のかたちをとった、有時に対応しうる政策とくに法制の構成方法いかんという、きびしい問がそこにあるはずではないか。この厳然とした都市型社会への問がないとすれば、それこそ軍事理論さらに政治・社会・経済理論の時代錯誤、さらにこれらをめぐる構想力の貧困といわざるをえない。これが、今日の国会論議、マスコミ論調、さらに関連学界をふくめた、その実態である。

そのうえ、ＩＴの発達もあって、国、自治体の官僚、職員よりも、文化・情報水準、専門・政策水準がたかくなってきた市民活動は、ボランティア活動ないしＮＧＯ、ＮＰＯなどをふくめて、地域規模から地球規模までひろくひろがりつつある。この市民活動のたかまりという都市型社会の基本状況は、のちの図３（74頁）にみるように、国の政府の位置づけを、自治体つまり市町村、県の各政府とともに、その権限・財源は《市民》からの「信託」（日本国憲法前文）、つまり選挙と納税によってはじめて成立するとみなしていくことになる。明治憲法がかかげた《国家》からの「統治」の時代は終ったのである。

もし、国や自治体の政府が、この信託に違反すれば、ただちに、あるいは、やがて、崩壊して市民がこれらの政府を新しく再構成することにならざるをえない。しかも、二〇〇〇年の分権改革後は、自治体の自治熟度もあがっているため、自治体の反対をおしきって、政策水準の低くなっている国の省庁が直接執行あるいは代執行もおこないにくくなってしまった。

「都市型社会」における軍事課題

以上の、都市型社会への移行にともなう政治・行政の構造変化にともない、とくに、次の問題点に注目したい。いずれも、これまでの国家統治のシクミのなかでは考えてこなかった問題点なのである。

(1) 他の省庁とおなじく、戦前からの官治・閉鎖体質の打破による、防衛庁・自衛隊における対市民規律の確立がこれまで以上に要請される。現実には防衛庁が二〇〇二年に露呈した情報公開請求者の個人調査問題やその数々の汚職にみられるように、日本の官僚組織に共通する市民無視がつづいているのではないか。そのうえ、市民文化つまり市民の拮抗力が未熟な日本では自治・分権型制度も成熟しないため、法制による「制度権限」とその権限に責任をもつ官僚の「個人能力」との混同がおこなわれ、制度権限が個人能力に対応すると官僚はたえず自己錯覚をおこして、官治・集権型制度の絶対化をすすめ、これがとくに「有事」における市民無視となる。
（2）有事における市民保護にくわえて、とくに有事には、あるときはレジスタンスともなる市民の「原始自治」としての市民自衛への対応能力が、市町村、県、国の政治家はもちろん、職員、官僚のみならず、自衛隊にも問われる。『武力攻撃事態法』案にある「国民の協力」は、第二次大戦末での本土決戦型の総動員というような時代錯誤の想定をしているようだが、市民活動とのネットワークづくりの不可欠性をふくめなければ、自衛隊は市民から孤立するだけでなく、脱走兵、抗命兵もでて自衛隊は自壊し、戦車、軍艦はじめ兵器はたんなるスクラップになってしまう。自衛隊員自体がさまざまな市民からなりたっているからである。
（3）自治体はその権限による市民の避難地区としての「無防備地域」の設定をはじめ、原発、ダム、病院など、あるいは文化遺産などの保全をめぐって、とくに『ジュネーブ条約追加第一議定書』への早急な加入を国に要求するとともに、これらの具体的な課題へのとりくみや、8～9頁にみた国際マークの準備が不可欠となる。この（3）が整備されていくと、超過密の日本では自国軍、敵国軍のいづれの軍も、ほとんど動けなくなり、戦闘ついで戦争自体が無意義となる。
以上の（1）（2）（3）にどのようにとりくむかが、都市型社会における市民の基本課題であるとともに、軍事問題の基本そのものである。また、この（1）（2）（3）の論点に自衛隊が対応できないとき、自衛隊は今度は逆に市民活動をスパイないし利敵行為とみなし、国内分裂を拡大していく。

この市民からみた基本課題が日本の今日の有事論議に欠落しているのである。今回、国会にだされている有事法案は、この基本課題を想定すらしていない、時代ばなれした法案といわなければならない。というよりも今回の有事法案については、賛成・反対の両派をふくめて、戦車を通すとか陣地をつくるとかの賛否をめぐる、いまだ農村型社会のモデルに、日本の首相をはじめとした与野党の政治家、ついで官僚はもちろん、ひろく私たちの戦争イメージがとどまっているという安易さこそが、問われるべきなのである。

とくに市民保護をめぐる世界政策基準としての四ジュネーブ条約、その二追加議定書、あるいは武力紛争時の文化財保護条約など、第二次大戦にたいする国際反省によって策定された〈国際人道法〉ないし戦時国際法の研究は緊急である。たしかに『武力攻撃事態法』案二一条②には、「事態対処法制は、国際的な武力紛争において適用される国際人道法の的確な実施が確保されたものでなければならない」とあるが、いまだ「国際人道法」としての前述のジュネーブ条約追加第一、第二議定書への加入すらも、すでに一五九、一五一の国が当事国になっているにもかかわらず、日本政府自体が行っていないというのがその実状である。

今回の有事三法案は、都市型社会における市民保護という基本課題をふまえないため、したがって都市型社会固有の特性をもつ危機管理をめぐって戦略展望をもたないため、後手、後手となっている時代錯誤の小官僚型法案にとどまる。しかも、日本政府がこの追加第一議定書への加入ができない理由の基本には、アメリカも加入していないこともあるが、この「無防備地域」の設定ができる「適当な当局」（追加第一議定書五九条）のなかに、自治体を当然ふくめるべきなのに、ふくめたくないという、自治体蔑視からくる国の官僚によるムダな議論がある。

今回の有事法案でも、戦前とおなじく、国はたとえば現行『自衛隊法』一〇三条①②にでているように、協力をとくに県に期待しているようだが、これこそが国家統治型の逆転した考え方からくる。市民保護という基本課題についてみれば、これは市民に密着する市町村がまずになうことを忘れてはならないのである。県は基礎自治体の市町村を補完する広域自治体で、市町村がにないにくい広域・専門政策を担当するにとどまる。

それゆえ、この市民保護のための市民の避難地域については、まず市民の政府としての市町村ついで県による「無防備地域」の設定が、理論かつ制度として不可欠となる。この「無防備地域」での食糧、医療などの確保もまた、その地域の基礎自治体としての市町村の課題となり、広域自治体の県ついで国が市町村を補完して支援することになる。無数にできるはずのこの「無防備地域」にたいして、持続的に自衛隊が食糧、医療などの保障ができないかぎり、「無防備地域」の設定は市町村からはじまるのは当然ではないか。

政府の三分化と市民保護問題

私は、かねてから図3のように、都市型社会における自治体、国、国際機構という政府の三分化を提起している。この政府の三分化はここでみたように、市民保護問題ともむすびついていく。だが、日本の市町村、県はまだこの市民保護という自治体の独自課題の自覚をもっていない。

明治憲法以来の「国家統治」の発想にとじこめられ、「市民自治」を起点にしていないからこそ、「有事」ないしひろく危機管理についても、いまだ国の指示まちというのが、官治・集権から自治・分権へという『地方自治法』の大改正が二〇〇〇年に実現したにもかかわらず、残念ながら、いまだ多くの市町村、県の長・議員あるいは職員たちの実態である。明治以来の官治・集権政治のナライが性となってしまったのである。今回の有事立法をめぐる知事たちの発言も、心情反応の「不安」や「賛成」、「反対」にとどまるという、安易さを想起したい。

二〇〇〇年代の今日でも、自治体レベルも、国レベルとおなじく世界政策基準つまり戦時国際

図3　政治イメージのモデル転換

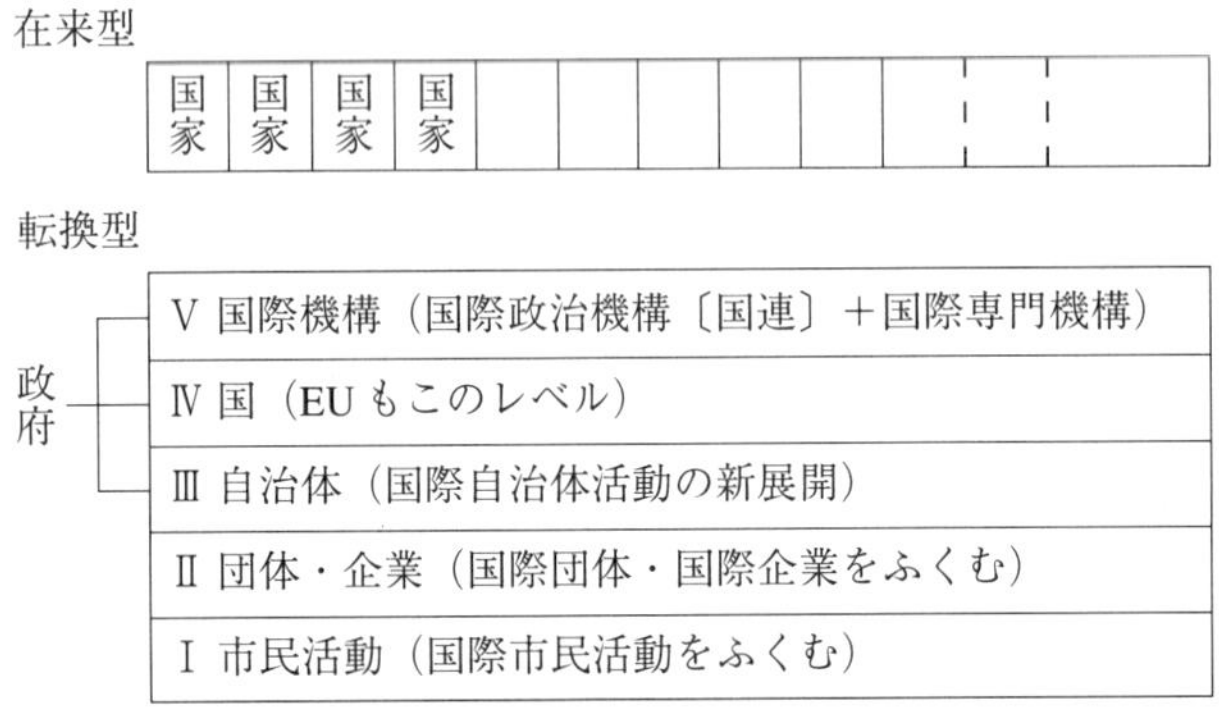

法としての前述した、《国際人道法》について基礎知識すらもっていないのではないかと疑いたくなる。まさに、戦前と同型の国際市民常識の欠如がそこにあるのではないか。さしあたり、国際人道法の勉強から、急いではじめなければならない。この国際人道法をめぐっては、今日も日本の国際法学者が政府としての自治体を無視しているため、自治体の視角からみたよい解説書がない。市民、ついで市町村や県の長・議員また職員は、さしあたり、直接、四ジュネーブ条約、二追加議定書などを自治体の視角から読みこなさなければならない。

　もちろん、ＮＰＯ、ＮＧＯをふくめて市民活動家、あるいはジャーナリストの間でも、この国際人道法についてのとりくみが共有されていないから、国だけでなく自治体もこの国際人道法が提起する論点へのとりくみにたちおくれてしまっているというべきだろう。平和を祈り、願うだけでは困るのである。今日、世界政策基準としての国際人道法は市町村、県、国の長、議員、ついで職員、官僚にとっての基礎教養である。当然、自治体問題とともに、高校、大学などの一般カリキュラムにもふくまれるべきである。

この自治体責任としての有事における市民保護については、災害時をふくめて、ひろく危機管理として位置づけ、かならず《自治体基本条例》にもくみこみ、ついでそのための個別条例も策定したい。この自治体の市民保護は、有事法案のいう国から与えられた「責務」ではなく、自治体が本来市民から「信託」された権限だからである。ここでも、私たち市民は、条例（自治体政策基準）、法律（国の政策基準）、条約（世界政策基準、ここでは国際人道法）の三極緊張のなかで考えなければならなくなっている。この点については、今日も、社会理論家、とくに法学者は、例外をのぞいて、実質、問題意識すらまだもっていない。

都市型社会では戦争は不可能

以上のようなひろがりをもつ今日の戦争・戦時問題に、大胆、率直にとりくめない市町村、県、国の各レベルの政府は、有事、つまり市民活動が活発となる都市型社会における戦争・戦時では崩壊にむかう。事実、冷戦時、アメリカ、ソ連という国土にゆとりをもった軍事大国の政府ですら、ベトナム侵攻あるいはアフガニスタン侵攻では、侵攻地のゲリラ活動による攻撃だけでなく、国内さらに国際の市民活動としての反戦運動があって崩壊の危機にたっていったのである。

かつて、関西大震災では、大都市神戸市にある県庁、市役所も数日は職員の出勤難となり、実質は崩壊状況となったのにたいして、学校などでの避難地区では、全国からのボランティアをふくめ、市民活動が中心の「原始自治」が出発した。倒壊地区では町内会・地区会も崩壊してしまうからである（拙著『日本の自治・分権』第一章、岩波新書一九九五年参照）ここに、危機管理の市民型原型を想定したい。

私は、すでに第Ⅱ論稿でみているように、いわゆる戦争は、数千年つづいた、しかも近代国家の成立以降もつづく農村型社会の産物で、先発国で成熟をみた都市型社会では不可能になったと考えている。近代にはいって戦いあった、しかも二〇世紀には二回の大戦をたたかったヨーロッパにおけるEUの成立もここからくる。それに原子力発電所や都市インフラないしライフラインもミサイルやゲリラによって破壊されることもありうるため、戦争はますます不可能である。

そのうえ、都市型社会での有事つまり戦争・戦時を想定した有事立法をおしすすめるならば、市民保護さらに市民自治が基本となる。しかも、そこでは、政府ついで社会の崩壊という、都市型社会独自の危機状況を最悪事態で想定した立論をおこなうべきだと、私はのべているのである。そのとき、有事立法をめぐっては、デモクラシーが宿命となった第一次大戦以降は、戦争はまた革命つまり政府変革への道となるということへの覚悟ももつべきなのである。

都市型社会の軍は、また、市民型の兵士を大量にかかえこむため、軍の内部からも、「抗命権」「投降権」が権利となっていく。今後、日本の有事立法で予定されている「敵」の捕虜を問題にする以前に、「我」におきるこの抗命・投降問題を直視すべきではないか。そのとき、このブックレットの第I論稿でみたように、捕虜になったときの心得教育もまた不可欠なのである。この抗命・投降問題もあって、軍は無能な将校集団に指揮されるとき、いつでも崩壊してしまう。だからこそ、国際世論にマイナスとなる一般市民への戦争被害の防止とあいまって、この軍の崩壊を阻止するためにも、最近の先発国による軍事活動はますます「瞬間戦争」をめざさざるをえない。

戦争・戦時をめぐる問題は、都市型社会にはいった地域では、これまでの数千年つづいた農村型社会とはおおきく変ってしまったのである。しかも、近代にはいって絶対・無謬という国家の名をかかげ、農村型社会の工業化、民主化をめざした官僚統治つまり国家統治についての幻想も、工業化・民主化の成熟した都市型社会の市民はもうもちえなくなってしまった。

それゆえ、市民型危機管理とは、《市民自治》から出発し、自治体（市町村、県）、国、国際機

図4　各政府レベルでの政治の多元化模型

〈問題点〉	〈可能性〉	〈政治原理〉
①　大衆操作・官僚統制	→市民活動の自由	=①　市民自由
②　団体・企業の外郭団体化	→団体・企業の自治	=②　社会分権
③　政党の未熟・腐敗	→政府・政策の選択・選挙	=③　複数政党
④　政府（行政機構）優位の進行	→議会・長の分立，裁判所の独立	=④　機構分立
⑤　市民の無関心・無気力	→政府への批判の自由（選挙）	=⑤　市民抵抗

構の三政府レベルにおける図4のような政治の多元化による「分節政治」の構築となっていく。政治の多元化×各政府レベルへの重層化という分節政治は、政治の発生源・批判源を多核化することによって、部分の「失敗」を社会の「崩壊」につなげることなく局地で「解決」するとともに、社会への「警報」となるような抑制・均衡の造出にある。「有時」（戦争・戦時）においても、官僚の優秀性に幻想をもち、国一点に政治が集中するシクミをめざす《国家統治》による総動員方式では、国一点の失敗は社会自体の崩壊をみちびきだすことになるではないか。

この国家統治型危機管理から市民自治型危機管理への発想とシクミの転換には、日常における多元・重層の「分節政治」による市民の政治成熟こそが基礎となる。今一度、市民の文化水準・専門水準が行政ないし官僚の水準よりたかくなっていることを想起したい。

このブックレットにおさめた論稿を書いてから二〇年、日本での都市型社会の熟度はよりすすみ、分権化・国際化も遅々たる歩みだが、当時と比べものにならないほど深まっている。一九六〇年代に出発した日本の市民活動も、今日では地域レベル、国レベル、地球レベルで多様に活動するだけでなく、NGO、NPOというかたちでの定着もすすんでいる。また、その活動水準は各国の行政水準をこえはじめているのだから、一国単位での官僚、軍隊を基軸としてのみの議論は許されない。ここをふまえないかぎり、国会・内閣、ついで官僚、あるいはマスコミまた学界の論議・論調は、文化・理論水準、専門・政策水準のたかくなった市民からみて、時代錯誤となってしまう。

このブックレットは、ほぼ二〇年前に書いた論稿をおさめているため時代制約がもしあるとしても、日本の今日の有事（戦争・戦時）論議に立論の再構成をうながしうると考えている。二〇年前の立論が、今日でも大筋では意義をもつという悲しさを、私自身はかみしめている。

同趣旨の問題提起は、一九八四年一月、国民文化会議の雑誌『国民文化』、一九八四年十二月、地方自治センターの雑誌『地方自治通信』、あるいは『朝日新聞』の論壇時評をまとめた拙著『市民自治の政策構想』第七章の「モロイ国土構造と防衛問題」（一九八〇年、朝日新聞社）でもおこなっている。だが、同じ論点をくりかえし書きつづけなければ、重要論点が既成思考のなかに埋没して忘れられてしまうことについても、あらためて教訓として、私は反省している。この都市型社会における軍事・戦争問題を書きつづけておれば、あるいはこのような課題にとりくむ方々がふえておれば、今回の有事三法案のような、主権者である市民をおきざりとした、戦前モデルの国家統治型の総動員発想にとどまる、しかも「本土決戦」型戦闘イメージの法案は、提出できなかったであろう。

なお、都市型社会における政治・軍事の変容と構造については、拙著『政策型思考と政治』（東京大学出版会、一九九一年）で整理している。

このブックレットにまとめた論稿の初出・原本はつぎのとおりである。

Ⅰ　初出「もう一つの防衛論議」『毎日新聞』一九八三年二月二一、二二日（拙著『都市型社会の自治』日本評論社、一九八七年から）

Ⅱ　初出「都市型社会と防衛論争」『中央公論』一九八一年九月号（拙著『戦後政治の歴史と思想』ちくま学芸文庫、一九九四年から）

このブックレットへの再録にあたっては、読みやすくするための文字の訂正を一部おこなった。また、新しい論点の追加は、凡例にのべたように〔　〕をつけて、補筆をおこなっている。

公人の友社社長武内英晴さんとは、かねてから自治体について共通の理解をもっているが、旧稿の刊行をおすすめいただいたことについて、感謝申しあげる。

松下圭一

著者紹介

松下　圭一（まつした・けいいち）
法政大学名誉教授
1929年生まれ。元日本政治学会理事長、元日本公共政策学会会長

【主著】

「シビル・ミニマムの思想」（東大出版会）〔毎日出版文化賞〕。

「市民参加」（編著）（東洋経済新報社）〔吉野作造賞〕。

「政策型思考と政治」（東大出版会）〔東畑精一賞〕。

また、「都市政策を考える」、「市民自治の憲法理論」、「日本の自治・分権」、「政治・行政の考え方」、「自治体は変わるか」（いずれも岩波新書）など多数

地方自治ジャーナルブックレットNo. 33
都市型社会と防衛論争　市民・自治体と「有事」立法

2002年8月26日　初版発行　　　定価（本体900円+税）

著　者　　　松下　圭一
発行人　　　武内　英晴
発行所　　　公人の友社
〒112-0002　東京都文京区小石川5－26－8
TEL 03－3811－5701
FAX 03－3811－5795
振替　00140－9－37773

公人の友社のブックレット一覧
（02.8.26現在）

「地方自治ジャーナル」ブックレット

No.1
水戸芸術館の実験
森啓・横須賀徹 1,166円 [品切れ]

No.2
政策課題研究の研修マニュアル
首都圏政策研究・研修研究会
1,359円

No.3
使い捨ての熱帯林
熱帯雨林保護法律家リーグ 971円

No.4
自治体職員世直し志士論
村瀬誠 971円

No.5
行政と企業は文化支援で何ができるか
日本文化行政研究会 1,166円

No.6
まちづくりの主人公は誰だ
浦野秀一・野本孝松・松村徹・田中富雄 1,166円 [品切れ]

No.7
パブリックアート入門
竹田直樹 1,166円

No.8
市民的公共と自治
今井照 1,166円

No.9
ボランティアを始める前に
佐野章二 777円

No.10
自治体職員の能力
自治体職員能力研究会 971円

No.11
パブリックアートは幸せか
山岡義典 1,166円

No.12
市民がになう自治体公務
パートタイム公務員論研究会
1,359円

No.13
行政改革を考える
山梨学院大学行政研究センター
1,166円

No.14
上流文化圏からの挑戦
山梨学院大学行政研究センター
1,166円

No.15
市民自治と直接民主制
高寄昇三 951円

No.16
議会と議員立法
上田章・五十嵐敬喜 1,600円

No.17
分権段階の自治体と政策法務
松下圭一他 1,456円

No.18
地方分権と補助金改革
高寄昇三 1,200円

No.19
分権化時代の広域行政
山梨学院大学行政研究センター
1,200円

No.20
あなたのまちの学級編成と地方分権
田嶋義介 1,200円

No.21
自治体も倒産する
加藤良重 1,000円

No.22
ボランティア活動の進展と自治体の役割
山梨学院大学行政研究センター
1,200円

No.23
新版・2時間で学べる「介護保険」
加藤良重 800円

No.24
男女平等社会の実現と自治体の役割
山梨学院大学行政研究センター
1,200円

No.25
市民がつくる東京の環境・公害条例
市民案をつくる会 1,000円

No.26
東京都の「外形標準課税」はなぜ正当なのか
青木宗明・神田誠司 1,000円

No.27
少子高齢化社会における福祉のあり方
山梨学院大学行政研究センター
1,200円

No.28
財政再建団体
橋本行史 1,000円

No.29
交付税の解体と再編成
高寄昇三 1,000円

No30
町村議会の活性化
山梨学院大学行政研究センター
1,200円

No.31
地方分権と法定外税
外川伸一 800円

No.32
東京都銀行税判決と課税自主権
高寄昇三 1,200円

No.33
都市型社会と防衛論争
松下圭一 900円

「地方自治土曜講座」ブックレット

No.1
現代自治の条件と課題
神原勝　900円

No.2
自治体の政策研究
森啓　600円

No.3
現代政治と地方分権
山口二郎　[品切れ]

No.4
行政手続と市民参加
畠山武道　[品切れ]

No.5
成熟型社会の地方自治像
間島正秀　500円

No.6
自治体法務とは何か
木佐茂男　600円

No.7
自治と参加アメリカの事例から
佐藤克廣　[品切れ]

No.8
政策開発の現場から
小林　勝彦・大石和也・川村喜芳
[品切れ]

No.9
まちづくり・国づくり
五十嵐広三・西尾六七　500円

No.10
自治体デモクラシーと政策形成
山口二郎　500円

No.11
自治体理論とは何か
森啓　600円

No.12
池田サマーセミナーから
間島正秀・福士明・田口晃　500円

No.13
憲法と地方自治
中村睦男・佐藤克廣　500円

No.14
まちづくりの現場から
斎藤外一・宮嶋望　500円

No.15
環境問題と当事者
畠山武道・相内俊一　500円

No.16
情報化時代とまちづくり
千葉純・笹谷幸一　[品切れ]

No.17
市民自治の制度開発
神原勝　500円

No.18
行政の文化化
森啓　600円

No.19
政策法学と条例
阿倍泰隆　600円

No.20
政策法務と自治体
岡田行雄　600円

No.21
分権時代の自治体経営
北良治・佐藤克廣・大久保尚孝
600円

No.22
地方分権推進委員会勧告と
これからの地方自治
西尾勝　500円

No.23
産業廃棄物と法
畠山武道　600円

No.25
自治体の施策原価と事業別予
算
小口進一　600円

No.26
地方分権と地方財政
横山純一　600円

No.27
比較してみる地方自治
田口晃・山口二郎　600円

No.28
議会改革とまちづくり
森啓　400円

No.29
自治の課題とこれから
逢坂誠二　400円

No.30
内発的発展による地域産業の
振興
保母武彦　600円

No.31
地域の産業をどう育てるか
金井一頼　600円

No.32
金融改革と地方自治体
宮脇淳　600円

No.33
ローカルデモクラシーの統治
能力
山口二郎　400円

No.34
政策立案過程への「戦略計画」
手法の導入
佐藤克廣　500円

No.35
98サマーセミナーから
「変革の時」の自治を考える
神原昭子・磯田憲一・大和田建太郎
600円

No.36
地方自治のシステム改革
辻山幸宣　400円

No.37
分権時代の政策法務
礒崎初仁　600円

No.38
地方分権と法解釈の自治
兼子仁　400円

No.39
市民的自治思想の基礎
今井弘道　500円

No.40
自治基本条例への展望
辻道雅宣　500円

No41
少子高齢社会と自治体の福祉法務
加藤良重　400円

No.42
改革の主体は現場にあり
山田孝夫　900円

No.43
自治と分権の政治学
鳴海正泰　1,100円

No.44
公共政策と住民参加
宮本憲一　1,100円

No.45
農業を基軸としたまちづくり
小林康雄　800円

No.46
これからの北海道農業とまちづくり
篠田久雄　800円

No.47
自治の中に自治を求めて
佐藤　守　1,000円

No.48
介護保険は何を変えるのか
池田省三　1,100円

No.49
介護保険と広域連合
大西幸雄　1,000円

No.50
自治体職員の政策水準
森啓　1,100円

No.51
分権型社会と条例づくり
篠原　一　1,000円

No.52
自治体における政策評価の課題
佐藤克廣　1,000円

No.53
小さな町の議員と自治体
室崎正之　900円

No.54
地方自治を実現するために法が果たすべきこと
木佐茂男　[未刊]

No.55
改正地方自治法とアカウンタビリティ
鈴木庸夫　1,200円

No.56
財政運営と公会計制度
宮脇淳　1,100円

No.57
自治体職員の意識改革を如何にして進めるか
林嘉男　1,000円

No.58
北海道の地域特性と道州制の展望
神原勝　[未刊]

No.59
環境自治体とＩＳＯ
畠山武道　700円

No.60
転型期自治体の発想と手法
松下圭一　900円

No.61
分権の可能性
—スコットランドと北海道
山口二郎　600円

No.62
機能重視型政策の分析過程と財務情報
宮脇淳　800円

No.63
自治体の広域連携
佐藤克廣　900円

No.64
分権時代における地域経営
見野全　700円

No.65
町村合併は住民自治の区域の変更である。
森啓　800円

No.66
自治体学のすすめ
田村明　900円

No.67
市民・行政・議会のパートナーシップを目指して
松山哲男　700円

No68
アメリカン・デモクラシーと地方分権
古矢旬　[未刊]

No.69
新地方自治法と自治体の自立
井川博　900円

No.70
分権型社会の地方財政
神野直彦　1,000円

No.71
自然と共生した町づくり
宮崎県・綾町
森山喜代香　700円

No.72
情報共有と自治体改革
ニセコ町からの報告
片山健也　1,000円

No.73
地域民主主義の活性化と自治体改革
山口二郎　600円

No74
分権は市民への権限委譲
上原公子　1,000円

No.75
今、なぜ合併か
瀬戸亀男　800円

No.76
市町村合併をめぐる状況分析
小西砂千夫　800円

No.77
自治体の政策形成と法務システム
福士明　[未刊]

No.78
ポスト公共事業社会と自治体政策
五十嵐敬喜　800円

No.79
男女共同参画社会と自治体政策
樋口恵子　［未刊］

No.80
自治体人事政策の改革
森啓　800円

朝日カルチャーセンター
地方自治講座ブックレット

No.1
自治体経営と政策評価
山本清　1,000円

No.2
ガバメント・ガバナンスと行政評価システム
星野芳昭　1,000円

No.3
三重県の事務事業評価システム
太田栄子　［未刊］

No.4
政策法務は地方自治の柱づくり
辻山幸宣　1,000円

No.5
分権時代における自治体づくりの法政策
北村喜宣　［未刊］

TAJIMI CITY
ブックレット

No.2
分権段階の総合計画づくり
松下圭一　400円（委託販売）

No.3
これからの行政活動と財政
西尾勝　1,000円

【お買い求めの方法について】
下記のいずれかの方法でお求め下さい。
（1）　出来るだけ、お近くの書店でお買い求め下さい。
（2）　小社に直接ご注文の場合は、電話・ＦＡＸ・ハガキ・Ｅメールでお申し込み下さい。
送料は実費をご負担いただきます。

112-0002　東京都文京区小石川 5-26-8
TEL 03-3811-5701　FAX 03-3811-5795
Ｅメール koujin@alpha.ocn.ne.jp　　（株）公人の友社　販売部